dtv

Das ist kein Physikbuch! Damit beruhigt uns der Autor gleich zu
Beginn: „Es ist ein Buch über die Welt, die von der Physik ja nur
erforscht wird." Thomas Schaller übersetzt die Sprache der Physik
in unsere Alltagssprache. Dabei geht Schaller nicht nur auf die
Formeln selbst ein, sondern erläutert auch ihre Entstehungsge-
schichte. Auf diese Weise lernen wir Wissenschaftler wie Galilei,
Kepler, Bernoulli, Heisenberg, Schrödinger oder Einstein kennen.
Von den Positronen bis zu den Quarks, vom Urknall über das
gekrümmte Raum-Zeit-Kontinuum bis hin zu den multiplen Uni-
versen: Schaller entführt uns in eine faszinierende Welt.

Thomas Schaller, geboren 1957, hat zahlreiche Beiträge, Repor-
tagen und Radiofeatures zu wissenschaftlichen, technischen und
mathematischen Themen veröffentlicht. Seit 1987 arbeitet er als
Wissenschaftsredakteur beim ORF-Radio Ö1.

THOMAS SCHALLER

DIE BERÜHMTESTEN
FORMELN
DER WELT

… UND WIE MAN SIE VERSTEHT

Deutscher Taschenbuch Verlag

Ausführliche Informationen über
unsere Autoren und Bücher
finden Sie auf unserer Website
www.dtv.de

Ungekürzte Ausgabe 2010
3. Auflage 2011
Deutscher Taschenbuch Verlag GmbH & Co. KG,
München
© 2007 Ecowin Verlag GmbH, Salzburg
Das Werk ist urheberrechtlich geschützt.
Sämtliche, auch auszugsweise Verwertungen bleiben vorbehalten.
Umschlagkonzept: Balk & Brumshagen
Umschlaggestaltung: Claus Lehmann
Gesamtherstellung: Druckerei C. H. Beck, Nördlingen
Gedruckt auf säurefreiem, chlorfrei gebleichtem Papier
Printed in Germany · ISBN 978-3-423-34571-2

Inhaltsverzeichnis

Vorwort

Das ist kein Physikbuch!

$E = mc^2$ – Wenn es eine Formel gibt, die die „berühmteste der Welt" ist, dann ist es diese. $E = mc^2$ ziert die Deckel Hunderter und Tausender Bücher. $E = mc^2$ findet sich in Zeitschriften und Magazinen, wann immer von Atomen, von Energie oder vom Universum die Rede ist. $E = mc^2$ schmückt als Graffiti Hausmauern, hat es in U-Bahnschächte geschafft und weltweit auf die Wände öffentlicher Toiletten-Anlagen.

$E = mc^2$ dürfte ähnlich bekannt sein wie die Firmenlogos global agierender Hamburger-Ketten oder die Porträts einer Marilyn Monroe. Einsteins Gleichung ist der Popstar unter den Formeln. Und sie hat ihren Schöpfer, Albert Einstein, zum Popstar der Wissenschaft gemacht.

Doch was bedeutet eigentlich dieses kurze $E = mc^2$? – Nun, man weiß, das hat irgendwie mit Masse und Energie und mit der Geschwindigkeit des Lichts zu tun. Man hat davon gehört, die Sonne am Himmel funktioniert nach dieser Formel, weiters die irdischen Atomkraftwerke und leider auch die ganz unhimmlische Atombombe. Man weiß dann noch, dass die Gleichung zur Relativitätstheorie gehört. Darin spielt auch ein „Raum-Zeit-Kontinuum" eine Rolle, das zu allem Überfluss noch „gekrümmt" sein soll.

Doch was soll man sich unter all dem vorstellen? Wie kommt man überhaupt darauf? Und was ist nun mit dem Urknall? Oder mit den ominösen „Schwarzen Löchern" – was haben die wieder damit zu tun?

Davon handelt dieses Buch.

Die Formeln und Gleichungen der Physik sind gar nicht so kompliziert, wie es scheint, behaupte ich. Formeln sind einfach Sätze. Aussagen, formuliert in einer speziellen Sprache – in jener der Mathematik. Der große italienische Naturforscher, der erste Physiker im heutigem Sinn, Galileo Galilei, hat dieses Prinzip entdeckt: „Das Buch der Natur ist in der Sprache der Mathematik geschrieben", verkündete er seinen staunenden Zeitgenossen.

Die konnten das nicht recht glauben, noch weniger wollten sie es glauben. Im Jahr 1633 brachte die Idee Galilei beinahe auf den Scheiterhaufen. Doch der Italiener, der Erfinder der *Nova Scientia*, der *Neuen Wissenschaft*, wie er sie im Bewusstsein ihrer Tragweite – und nicht ganz uneitel – nannte, der Erfinder der naturwissenschaftlichen Methode, behielt recht: Das Buch der Natur *ist* in der Sprache der Mathematik geschrieben.

So lassen sich die „Eigenheiten" der Natur auch nur in dieser Sprache wirklich präzis formulieren – in Gleichungen und Formeln. Leider sind diese nicht ganz leicht verständlich. Aber Sprachen kann man übersetzen. – Und das versucht dieses Buch: Es übersetzt die Sprache der Mathematik in die „normale" Sprache, die wir alle verstehen.

Das gelingt nicht immer zu 100 Prozent. Mitunter holpert die Übersetzung, das liegt in der Natur von Übersetzungen; auch solchen zwischen natürlichen Sprachen, etwa vom Englischen ins Deutsche: Es gibt das genau gleichbedeutende Wort nicht, die Konstruktion der Sätze ist anders, grammatikalische Eigenheiten unterscheiden sich. Fragen Sie einen professionellen Dolmetscher: Gute Übersetzungen sind eine komplexe Tüftelei.

Bei der Mathematik erst recht: Formeln sind kurz und prägnant, aber was sie aussagen, ist oft nicht so kurz und prägnant auszudrücken. Aber Sie werden sehen, im Prinzip geht's. Man kann die Behauptungen und Aussagen der Physik im Kern verstehen, ohne fünf Jahre Mathematik studieren zu müssen.

Doch dies ist kein Physikbuch!

Es ist ein Buch über die Welt, die von der Physik ja nur erforscht wird. Die Welt ist auch ohne Wissenschaft da und ausgesprochen spannend. Und ich glaube sicher: Wer immer sich für Physik interessiert, interessiert sich in Wahrheit für die Welt: für den Kosmos, für das Ganze und seine Ordnung, wie die alten Griechen sagten. Das trifft auch auf die Physiker zu, zumindest auf jene, die ich getroffen habe: In Wahrheit wollten sie nicht wissen, wie dieses oder jenes Detail, in das sie sich verbeißen, sondern wie *alles* funktioniert.

Wahr ist: Die Details sind dabei niemals unwichtig, leider. Die Welt ist kompliziert – darin liegt das Problem der Wissenschafter. Aber in diesem Buch kann man doch vieles weglassen und sich auf den Kern der Dinge konzentrieren. Das versuche ich.

Andererseits: Eben deshalb kann dies kein Physikbuch sein. Als solches wäre es ganz und gar und sogar sträflich unvollständig.

Den zweiten Grund habe ich schon erwähnt: Die Sprache der Mathematik und damit der Natur besteht aus Dingen wie Integralen, Differentialoperatoren, Vektoren, Rotoren, Matrizen, nicht kommutativen Gruppen, hyperbolischen Geometrien. Oder Strings und Branes, die Ihnen in neueren Büchern vielleicht untergekommen sind. Na ja, und so weiter. Ich kann Ihnen nicht erklären, was das alles ist, oft weiß ich es selbst nicht so genau. Und Sie *wollen* es wahrscheinlich nicht wissen. Das ist Ihr gutes Recht.

Das heißt, man muss Bilder finden, Analogien, Vergleiche. Doch Vergleiche treffen immer nur bedingt zu. Sie hinken. Und bei manchen gilt sogar der berühmte Satz: „Nicht alles, was hinkt, ist ein Vergleich." Den bekommt man öfter zu hören, wenn man mit Physikern spricht und versucht, ihr wissenschaftliches Kauderwelsch verständlich zu machen. Wo es besonders schlimm wird, weise ich darauf hin und versuche, die Grenzen des Vergleichs – der Übersetzung – aufzuzeigen.

Wenn Sie als Leser also hoffen, Sie könnten nach der Lektüre dieses Buches eine Prüfung bei einem Physikprofessor bestehen, muss ich Sie enttäuschen. Das wird nicht funktionieren. Aber Sie werden wissen, was die Wissenschaft über unsere Welt herausgefunden hat. Jedenfalls die wichtigen Dinge.

Da dies kein Physikbuch ist, wird auf die wissenschaftliche Formelsetzung (alles kursiv außer Indices, wenn sie keine variablen Größen sind, und nicht bei bekannten Funktionen) verzichtet.

Viel Spaß in der Welt der Formeln, der modernen Physik und ihrer Erkenntnisse wünscht Ihnen

Thomas Schaller

Galilei – die Welt vermessen

„Die Philosophie steht in dem großen Buch geschrieben, dem Universum, das sich unserem Blick darbietet. Und dieses Buch ist in der Sprache der Mathematik verfasst. Seine Buchstaben sind Zahlen, sind Dreiecke, Kreise und geometrische Figuren. Ohne diese Sprache zu verstehen, werden wir das Universum nicht verstehen, und wir irren durch ein finsteres Labyrinth."

Mit diesem Konzept, mit der Idee, den Geheimnissen der Natur mittels Mathematik zu Leibe zu rücken, erfindet Galileo Galilei die Physik. Er weiß das auch und nennt sie programmatisch *Nova Scientia* – die *Neue Wissenschaft*. Und er „erfindet" sie in jenen Jahren um 1600 herum wirklich: Es gibt kein anderes Wort für diese Leistung.

Noch ist die Neuzeit nicht die neue Zeit, das Mittelalter weiterhin lebendig. Im Jahre 1600, Galilei ist 36 Jahre alt, verbrennt der Mathematiker und Philosoph Giordano Bruno in Rom auf dem Scheiterhaufen der Inquisition. Sein Verbrechen: Er hatte behauptet, die Erde stehe nicht im Mittelpunkt des Universums, sondern bewege sich um die Sonne. Brunos Tod sollte eine Warnung sein für alle, die allzu forsch neue Ideen verkündeten.

Galilei verstand die Warnung wohl. Aber trotz aller Vorsicht musste er mit seinen Vorstellungen in Konflikt mit der katholischen Kirche geraten: In zwei Verfahren in den Jahren 1616 und 1633 wurde er zunächst verwarnt, dann verurteilt und erst nach dem berühmten Widerruf all seiner Lehren zu lebenslanger Haft begnadigt. Dabei ging es bloß vordergründig um das heliozentrische Weltbild, darum, ob die Erde ein bewegter Planet sei oder das unbewegliche Zentrum des Kosmos. Wenn es der Kirche auch nicht gefiel – mit der Erde als Wandelstern hätte sie sich vielleicht abfinden können. Tatsächlich ging es um Erkenntnis schlechthin, um Wissenschaft, darum, wer mit welchen Argumenten behaupten konnte, zu „wissen".

Galileis *Nova Scientia* unterschied sich in der Tat von allem Alten, allem Gewohnten und kirchlich Genehmigten. Dieses, die Philosophie, bestand darin, über die Natur nachzudenken, zu spekulieren, zu meditieren und das Wesen der Dinge zu ergründen. Dabei spielte die Bibel eine gravierende Rolle: Sie hatte immer recht. Und da die Kirche über die einzig und allein gültige Auslegung der Bibel wachte, hatte sie zumindest auf Erden das letzte Wort, wenn es um Wissen ging.

Galilei betrat einen anderen Weg. Er wollte im „Buch der Natur", nicht in der Bibel lesen und er wollte es selbst tun. Erst das war mit dem exklusiven Wissens- und Wahrheitsanspruch einer Kirche um 1600 im Kern unvereinbar und ist es, genau genommen, bis heute oft. Zugleich verlagerte Galilei die Hauptstoßrichtung seiner Forschung: Er fragte sich nicht unbedingt nach dem Urgrund, nach dem Wesen allen Seins – Fragen, die recht schwierig zu beantworten sind, wie wir wissen –, sondern versuchte herauszufinden, wie die Dinge *funktionieren*. Wie sie aufeinander einwirken und welchen Regeln sie folgen.

Galilei und seine Methode haben dabei ein gutes Argument für sich, das ebenfalls der 1564 geborene Pisaner formulierte. Es wurde sein berühmtester Satz:

Messen, was messbar ist, messbar machen, was noch nicht messbar ist.

Für die Physik spricht immer die Messung. Wenn sie etwas behauptet, kann man das nachmessen. Genau gesagt: Man kann es sehen, weil jedes Messen letztlich nur ein verbessertes, verlängertes, geschärftes Sehen ist. Wenn die Naturwissenschaft, die *Nova Scientia* behauptet, irgendetwas sei *so*, dann wird es beim Nachschauen auch *so* eintreten. Andernfalls ist die Behauptung falsch und wird sofort verworfen. Nach ein paar Mal Hinsehen bleiben zwangsläufig die richtigen Thesen übrig.

Um die Regeln zu erkennen, nach denen das Universum funktioniert, muss man es folgerichtig vermessen, und der ausgebildete Mathematiker Galilei war der erste Forscher, der der Natur, dem Universum mit dem Maßband zu Leibe rückte. So selbstverständlich das heute klingt, eine so gewaltige Neuerung stellte es um 1600 dar. Und Galilei erkannte: Wo in Messergebnissen Regelmäßigkeiten, Muster auftreten, lassen sie sich als mathematische Formeln und Gleichungen formulieren, in Diagrammen und geometrischen Figuren darstellen – als Physik.

Die Geschichte hat Galilei recht gegeben: Seine Methode funktioniert. Tausende und Millionen von Maschinen, Geräten, Apparaten, die seit damals mit ihrer Hilfe erfunden und konstruiert wurden, sind ein unschlagbarer Beweis: Sie funktionieren einfach wirklich.

Messen, was messbar ist, messbar machen, was noch nicht messbar ist. Unter dieser Devise fand sich der Italiener vor einem großen Problem wieder: Messgeräte gab es damals kaum, mit Ausnahme einfacher Maßstäbe und Waagen. Beispielsweise existierte keine Uhr, keine Möglichkeit, Zeitstrecken zuverlässig zu ermitteln. Es gab Sonnenuhren, die die Tageszeit anzeigten. Will man aber messen, wie lange ein Stein vom Schiefen Turm von Pisa zu Boden fällt, sind Sonnenuhren eher nutzlos.

Eine der Hauptaktivitäten Galileis war daher, zuverlässige Messgeräte zu bauen, und das tat er unermüdlich. Sein Forscherleben bestand nicht zuletzt in der permanenten Suche nach neuen Instrumenten und neuen Ideen, wie sich solche konstruieren ließen. Anders gesagt: nach Vorrichtungen, die einen genaueren Blick auf und in die Natur erlauben als den des bloßen Auges.

Pendelgesetz

Als besonders sperrig erwies sich die Zeit. Galileis erstmalige Konstruktion einer funktionierenden Uhr ist mit einer der berühmtesten seiner Formeln verknüpft: dem Pendelgesetz. Seine Geschichte zeigt, wie eng sich Messgeräte und Erkenntnisse miteinander verzahnen. Galilei setzte eine Spirale in Gang: Neue Messgeräte führen zu neuem Wissen, neues Wissen führt zu neuen Messgeräten. Diese Aufwärtsspirale läuft bis heute und wird es noch eine Weile tun, bleibt zu hoffen.

Galilei vollführte zahlreiche Versuche, die Zeit, vor allem kurze Zeitstrecken, messbar zu machen. Er benutzte verbesserte Sanduhren, er versuchte es mit ausfließendem Wasser, aus dessen Menge er die Zeit des Ausfließens errechnete. Er probierte es mit seinem eigenen Pulsschlag. Er engagierte professionelle Trommler, ließ sie schlagen und zählte. Sehr genau ist das alles nicht.

Die Idee zum Pendel kam ihm, wie er berichtet, in einer Kirche angesichts eines großen von der Decke hängenden Kerzenleuchters, der ein wenig hin und her schwankte. Er pendelte. Galilei erkannte, dass man diese regelmäßige Bewegung wohl zur Zeitmessung nutzen könnte. Er begann das Pendeln näher zu untersuchen: Wie lange benötigt ein schwingendes Gewicht an einer Schnur vom einen Endpunkt seiner Bahn zum anderen? Wie ändert sich diese Zeitdauer? Wovon wird sie beeinflusst?

Der Clou war: Sie wird *nicht* davon beeinflusst, wie weit das Pendel ausschwingt. Die Stärke der Pendelbewegung ist für ihre Dauer irrelevant. Die Zeit bleibt immer gleich. Das ist in der Tat verblüffend, legt doch das Gewicht, das weiter ausschwingt, einen viel längeren Weg zurück. Dennoch: Die verstreichende Zeit vom einen höchsten Punkt zum anderen bleibt immer gleich. Tatsächlich ist die Schwingungsdauer nur von der Länge der Schnur abhängig, von nichts anderem:

> Die Längen zweier Pendel verhalten sich zueinander wie
> die Quadrate der Schwingungszeiten,

lautet das Pendelgesetz in Worten. Als Formel:

$$\frac{l_1}{l_2} = \frac{t_1{}^2}{t_2{}^2}$$

Man sieht, die Formel ist deutlich kürzer als der zugehörige Satz. So viel zu den Vorteilen von Formeln.

Also: Ein Pendel schwingt immer gleich schnell, und man kann die Schwingdauer sofort berechnen, wenn man nur die Länge der Schnur oder des Seils kennt. Es kann auch ein Pendelstab sein, für ihn gilt das Gleiche.

Damit kann man Zeitmessgeräte bauen, erkannte Galilei und wurde so zum Vater aller Uhren, jedenfalls bis ins späte 20. Jahrhundert. Erst vor wenigen Jahrzehnten wurden Pendel, oder in einer Armbanduhr die Unruh, die auch nur ein Pendel im Miniformat ist, durch elektrisch schwingende Quarze als normierender Mechanismus ersetzt. Oder in allerneuester Zeit durch radioaktive Elemente, deren Zerfall Atomuhren steuert. Aber das ist ein anderes Kapitel.

Galilei konstruierte noch andere neue Instrumente. Allen voran seine Fernrohre, mit denen er dem Himmel seine Geheimnisse zu entlocken, dort Dinge zu sehen versuchte, die „noch nie ein Menschenauge erblickt hat", wie er selbst sagt. Man kann wahrscheinlich konstatieren, dass der Italiener ein wenig eitel war. Galilei sah, dass der Planet Jupiter, gleich wie die Erde, über Monde verfügt, die ihn umkreisen; über gleich vier Stück nämlich. Galileis Fernrohre waren wenig besser als heutige Operngucker, und dank modernerem Geräts wissen wir: Es sind tatsächlich mehrere Dutzend. Die Galileischen Monde sind bloß die vier größten.

Das Gegenstück zum Fernrohr stellt das Mikroskop dar, und Galilei erfand auch dieses. „Motten und Stechmücken sind wunderschön, Flöhe hingegen hässlich", befand er. Diese Ansicht kann man teilen oder nicht. Sicher ist: Galileis Mikroskop versetzte die Menschheit erstmals in die Lage, über die Schönheit oder Hässlichkeit solcher Kleinkreaturen überhaupt zu befinden. Galilei war der erste Mensch, der Bakterien oder Pilzsporen sah und der Welt begeistert vorführte, dass in jedem Tropfen Wasser Millionen dieser Winzlinge leben – vom blanken Auge völlig unbemerkt.

Auch die ersten Thermometer, um Temperaturen zu bestimmen, stammen vom messwütigen Italiener, neue Winkelmessgeräte und andere mehr. Die akribische Suche nach immer neuen Geräten, die Messungen ermöglichen, begleitete ihn sein ganzes Leben.

Fallgesetz

Doch zum zweiten Teil der segensreichen Galileischen Spirale: Neues Wissen bringt neue Messgeräte, neue Messgeräte bringen neues Wissen. Nachdem er 1583 das Pendelgesetz erkannt und Uhren gebaut hatte, konnte er beginnen, Zeiten zu messen. Besonders interessierten ihn Fallzeiten: die Zeit, die fallende Objekte aus irgendeiner Höhe bis zum Boden benötigen.

Einer schönen Legende nach fand Galilei das Fallgesetz, indem er den Schiefen Turm seiner Heimatstadt Pisa bestieg und allerlei Gegenstände hinunterwarf. Historisch verbürgt ist das nicht. Und es hätte auch nicht funktioniert.

In der realen Welt sind die Dinge oft komplex, sie sind durchmischt, verwoben und unübersichtlich. Das ist im menschlichen Leben leider so und auch in der Natur: Phänomene oder Kräfte wirken gleichzeitig, sie überlagern und verdecken einander. Beispiel: Wenn eine Vogelfeder zu Boden fällt, wirkt erstens die Erdschwerkraft, zweitens der Luftwiderstand auf sie. Das wusste man schon vor Galilei. Aber wie soll man messen, wie stark die

Schwerkraft ist, und wie stark der Luftwiderstand, wenn die beiden nicht auseinander zu dividieren sind?

Es wird sogar schnell noch komplizierter: Bei der Flugbahn eines geworfenen Steins oder einer Kugel aus einer Kanone kommt als drittes Element noch die Anfangsgeschwindigkeit hinzu – das Tempo der Wurfbewegung oder bei der Kanone die Abschussgeschwindigkeit.

Deshalb hätten Galileis angebliche Fallversuche auf dem Schiefen Turm von Pisa nicht funktioniert: Lässt man eine Holz- und eine gleich große Metallkugel vom Turm fallen, wird die Holzkugel später unten ankommen. Dafür sorgt allein der größere spezifische Luftwiderstand, das ist sicher. Aber zusätzlich vielleicht auch eine verringerte Schwerkraft infolge des geringeren Gewichts des Holzes? Das ist unklar, und ohne eine Vakuumröhre kann man das nicht ohne Weiteres feststellen.

Galilei musste diese Dinge also trennen, und er fand eine Möglichkeit: Er benutzte ein sanft geneigtes Brett, eine „schiefe Ebene", auf der er Kugeln, statt sie fallen zu lassen, rollen ließ. Dabei erreichen sie von vornherein keine großen Geschwindigkeiten, und der Luftwiderstand wird unerheblich: Er nimmt erst bei hohem Tempo stark zu. Damit bleibt die reine Fallbewegung übrig.

Darin besteht übrigens die dritte Galileische Innovation, welche die *Nova Scientia* bis heute ausmacht: Der Forscher stellt Situationen künstlich her, in denen sich die Dinge „sauber" messen lassen, in denen das zu messende Phänomen ohne störende Einflüsse zutage tritt. Man nennt das ein *Experiment*.

Ihre Experimente, von denen Physiker reden, sind also auch nichts wirklich Geheimnisvolles: Sie schaffen spezielle Konstellationen, in denen Dinge messbar werden. Im Detail ist das oft nicht so einfach, mitunter gehört einige Raffinesse dazu. Jedenfalls: Sein Arbeitsprinzip „Messbar machen, was noch nicht messbar ist" machte Galilei auch zum ersten großen Experimentator der Geschichte.

Zurück zu seinen schiefen Ebenen. Es bedurfte noch einer Uhr, und die hatte der Italiener schon erfunden. Ergebnis, kurz gefasst: Holz- und Metallkugel rollen die geneigte Fläche gleich schnell hinab. Sie kommen gleichzeitig unten an. Einzig möglicher Schluss: Die reine Fallbewegung, ohne Störungen, erfolgt in beiden Fällen gleich schnell. Die Unterschiede beim Fallen vom Turm verdanken sich allein dem Luftwiderstand, der damit übrigens auch berechenbar wird. Das Gleiche gilt für eine Papierkugel und auch für eine Vogelfeder: Auch sie fallen, für sich genommen, ohne Luftwiderstand, genauso schnell zu Boden wie eine Eisenkugel.

Das widerspricht wieder einmal unser aller Intuition. Nebenher widersprach es der damaligen Lehrmeinung frontal – wie das meiste, das Galilei im Lauf der Jahrzehnte erforschte und veröffentlichte. Doch in diesem Fall hatte es erstmals Folgen: Als er seine Erkenntnisse 1592 in einem Manuskript vorlegte, hielt man sie für derartig abwegig, dass er seinen Broterwerb verlor: Er wurde als Mathematiklehrer von der Universität Pisa entlassen.

Galilei führte seine Experimente weiter, probierte verschiedenste Objekte unterschiedlicher Form, Größe und Gewichts. Es war immer das Gleiche: Kann man den Luftwiderstand irgendwie ausschalten – oder ihn, sobald bekannt, herausrechnen –, fallen die Gegenstände alle gleich schnell.

Aus heutiger Sicht ist der Rest rasch erzählt: Die Dinge fallen nicht nur gleich schnell, sie werden dabei auch gleichmäßig immer schneller: Objekte im Schwerefeld beschleunigen. Heute trivial, könnte man sagen, um 1600 jedoch völlig neu: Jahrtausendelang hatte die Menschheit geglaubt, abstürzende Objekte seien auf ihrer Bahn von oben bis unten immer gleich rasch unterwegs.

Daraus ergibt sich, dass die Geschwindigkeit von der bisherigen Fallzeit abhängt, und diese Beziehung ist linear, wie Mathematiker das nennen: doppelte Fallzeit – doppelte Geschwindigkeit beim Aufprall. Dreifache Fallzeit – dreifache Geschwindigkeit. Und so weiter. Wenn der Absturz aber immer schneller und schneller wird, ergibt das für den zurückgelegten Weg, dass er offenbar überproportional anwächst: quadratisch, wie sich errechnen lässt. Das bedeutet: doppelte Fallzeit – vierfacher Weg. Dreifache Fallzeit – neunfacher Weg.

Als Formel liest es sich wieder einmal einfach: Weg ist gleich (irgendein konstanter Faktor) mal Zeit zum Quadrat. Oder:

$$s = \frac{g}{2} \cdot t^2$$

Das ist das Galileische Fallgesetz, und heute ist es uneingeschränkt anerkannt, im Gegensatz zu jener Ära, in der das Mittelalter gerade erst zu Ende war. Aus der Kombination dieses Fallgesetzes mit Johannes Keplers Formeln für die Planetenbewegung konstruierte Isaac Newton schließlich die allgemeinen Gravitationsgleichungen und seine Theorie der Schwerkraft – das erste abgeschlossene Theoriengebäude der Physik, in dem alles mit allem zusammenpasste. Daraus wird sich auch ergeben, warum der „konstante Faktor" in Galileis Fallformel ausgerechnet $\frac{g}{2}$ heißen muss. Aber das ist ein anderes Kapitel.

Nachsatz: Es dauerte in Wahrheit nicht lange, bis Galileis Erkenntnisse sich durchsetzten. Dafür waren sie zu praktisch: Seine Fernrohre funktionierten nicht nur bei der Himmelsbeobachtung, sondern auch auf hoher See, ebenso der Kompass, eine weitere seiner Erfindungen. Venezianische Kaufleute, die dadurch reich wurden, fragten nicht lange, ob das der Kirche ins biblische Konzept passte. Dank des Fallgesetzes, das Galilei den ersten Konflikt mit den Autoritäten eingebracht hatte, ließ sich plötzlich die Flugbahn einer Kanonenkugel präzise ausrechnen: Nach Galilei ist sie die Kombination einer geradlinigen Bewegung – aus dem Kanonenrohr heraus – mit einer Fallbewegung. Beide für sich berechnet und dann addiert, ergeben die Gesamtflugbahn – eine *Parabel*, wie der Wissenschafter erkannte. Das wiederum sprach sich unter den Feldherren der Renaissance sehr schnell herum. Und wenn es einer nicht glauben wollte, stand er bald ohne Armee da.

Manche Wissenschaftshistoriker meinen heute, dass Galilei sich gar nicht so schwer tat, im Jahre 1633 vor dem Inquisitionsgericht alle seine Lehren zu widerrufen: Er wusste, dass er recht hatte. Er hatte es gar nicht notwendig, zu streiten, und er wusste auch, das würde sich sehr rasch erweisen: Er hatte im Buch der Natur gelesen, und dieses Buch irrt nicht.

Galilei verstarb am 8. Januar 1642, immer noch unter Hausarrest stehend, in Arcetri bei Florenz.

Kepler – und die bewegten Planeten

Datum: 11. Oktober 1604. Vor etwas mehr als 400 Jahren geschah am Himmel etwas Unerhörtes. Etwas Unglaubliches, etwas nach damaliger, gefestigter Lehrmeinung ganz und gar Unmögliches: Ein neuer Stern war erschienen. Er war aus dem Nichts aufgetaucht. Wo vorher sicher nichts gewesen war, stand er plötzlich hell, unübersehbar am Nachthimmel. Von einem Tag, pardon: von einer Nacht auf die andere.

Zu den ersten wissenschaftlichen Beobachtern der unglaublichen Himmelserscheinung gehörte der Hofastronom Seiner Kaiserlichen Majestät Rudolf II. in Prag, der 33-jährige Johannes Kepler: „Es bot sich mir bei klarem Himmel das wunderbare Schauspiel, dass zu den drei oberen Planeten Saturn, Jupiter und Mars, die im Sternbild des Schlangenträgers nahe beieinander standen, ein vierter Stern getreten war. Er wetteiferte an Helligkeit mit Jupiter, und er funkelte in allen Regenbogenfarben so stark wie ein fein geschliffener Diamant, der im Sonnenlicht gedreht wird", schrieb Kepler am 17. Oktober 1604 aufgeregt an seinen Freund David Fabricius.

Wir wissen heute natürlich, was damals geschah: In den Tiefen der Milchstraße war eine Sonne in einer Supernova explodiert. Der Stern selbst hatte fraglos schon zuvor existiert. Doch er war so weit entfernt, dass er mit den Mitteln der Zeit, einfachen Fernrohren im Stile Galileis, nicht wahrgenommen werden konnte. Schon gar nicht mit dem bloßen Auge.

Im Zuge der Supernova, dieser gigantischen finalen Explosion, die das Leben aller größeren Sterne beendet, steigerte sich die Leuchtkraft des entlegenen Himmelskörpers schlagartig um das Milliarden- oder sogar Hundertmilliardenfache. Und so erschien an jenem Tag der neue Stern wirklich wie aus dem Nichts. Für kurze Zeit wurde er zum hellsten Fixstern am Nachthimmel. Danach ebbte die Leuchtkraft der seltenen, aber keineswegs singulären Erscheinung wieder ab, sie verblasste innerhalb eines Zeitraums von einigen Jahren. Ihre Überreste sind als bunt leuchtende Gaswolke noch heute am Himmel zu sehen, freilich nur mit modernen, empfindlichen Teleskopen.

Astronomen rechnen heute mit etwa zwanzig Supernovae in der Milchstraße pro Jahrtausend. Unserer Sonne, das nebenher, wird am Ende ihrer Lebenszeit, nach dem Verbrauch ihres Kernbrennstoffs, kein solcher Ausbruch der Sonderklasse zuteil: Sie ist zu klein. Um in einer Supernova zu enden, muss ein Stern die achtfache Sonnenmasse oder mehr besitzen, also recht groß sein. Die Mehrzahl der Himmelsleuchten schrumpft am Schluss schlicht und einfach zu einem dann langsam verschwindenden „Weißen Zwerg". So wird es auch unserem Zentralgestirn in etwa fünf Milliarden Jahren ergehen.

Dennoch, eine Supernova kommt immer wieder einmal vor. Und da sie für kurze Zeit so hell leuchten kann wie eine ganze Galaxie, sind diese grandiosen Explosionen heute sogar in anderen Sternsystemen als dem der Milchstraße beobachtbar. Zumindest in näher gelegenen: Die letzte auffälligere der kosmischen Katastrophen fand 1978 in der Großen Magellanschen Wolke statt, in etwa 180.000 Lichtjahren Entfernung.

Bei der Gelegenheit können auch andere mögliche Sorgen zerstreut werden: Eine Supernova entfaltet zwar gewaltige zerstörerische Wirkungen in ihrer näheren Umgebung. Noch in einer Entfernung von bis zu 25 Lichtjahren – so wird geschätzt – ist die freigesetzte Strahlung tödlich für Menschen und sonstige Organismen eines belebten Planeten. Ist man noch näher dran, wird es natürlich immer schlimmer. Allerdings findet sich in diesem Umkreis um die Erde kein Stern, der in den nächsten 100 Millionen Jahren als Kandidat für eine Supernova in Frage käme. Was immer der Menschheit noch zustößt – an einer Supernova werden wir nicht zugrunde gehen.

Ein neuer Stern, ein neu auftauchendes Himmelslicht als Produkt einer Supernova – denn der Stern selbst ist schon da – wäre also heute keine besondere Angelegenheit mehr. Im Gegenteil, die Astronomen der Welt hoffen ständig darauf, dass wieder eine der großen Explosionen innerhalb der Milchstraße wie im Jahre 1604 passiert, um sie mit aktueller Gerätschaft untersuchen und analysieren zu können.

Glaube, Kosmologie und die *Stella Nova*

Zu Keplers Zeiten war der neue Stern, die *Stella Nova*, freilich eine Sensation und ein Rätsel zugleich. Sie erschütterte das Weltbild, wie es die Philosophie seit Jahrhunderten lehrte: Der Fixsternhimmel ist fix – deshalb heißt er ja auch so. In den Sternen, die sich niemals verändern, die ihre Positionen unbeirrbar beibehalten, sahen schon die alten Griechen eine Manifestation *der* und zugleich einen Beweis *für* die ewige Harmonie des Kosmos, für seine Beständigkeit über die Äonen hinweg.

Hienieden, in der irdischen Sphäre ist alles im Fluss, verändern sich die Dinge ständig. Hier herrschen das Chaos, die Vielfalt, das wilde Durcheinander. Doch die himmlischen Sphären, so diese Vorstellung, sind von jenen Instabilitäten, je höher man aufsteigt, immer weniger betroffen. Immer klarer und mathematischer geht es dort zu. Der Mond nimmt noch zu und ab, aber das schon recht regelmäßig. Die Planeten bewegen sich bereits gleichförmig auf ihren etwas komplizierten, jedoch festen Bahnen. Und in der höchsten Sphäre, jener der Fixsterne, wären demnach alle Veränderung und alle Vergänglichkeit geschwunden. Hier herrschen ewige Harmonie, Stabilität und mathematische Präzision.

Diese antiken Ideen hatte sich auch die Kirche zu eigen gemacht, mit einer kleinen, naheliegenden Abwandlung: Im immer gleichen und gleichförmigen Sternenzelt habe der ewige und unveränderliche Gott dem staunenden Menschen ein Abbild seiner selbst vor die Augen gesetzt.

Und nun das: ein neuer Stern, der einfach frech auftauchte. Ein Eindringling, der die himmlische Sphäre als Heimstatt der göttlichen – oder mathematischen, je nach Sichtweise – Präzision und Vollkommenheit störte. Das Sinnbild und der Beweis dessen, dass jenseits der Vergänglichkeit des Lebens und seiner Irrungen etwas existierte, das unerschütterlichen, absoluten Bestand hatte – zerstört, entweiht, beschmutzt. Das durfte und konnte nicht sein. Aber es ließ sich auch nicht leugnen. Der neue Stern war einfach da. Eines Teleskops, eines dieser seltsamen neuartigen Rohre mit Linsen darin, bedurfte es nicht einmal: Der Stern ließ sich auch mit freiem Auge mühelos und zweifelsfrei erspähen.

Nikolaus Kopernikus und die rasende Erde

Man kann sich heute schwer vorstellen, welche Aufregung das 1604 in Europa, in der gesamten wissenschaftlichen Welt hervorrief. Die Kirche kämpfte ohnehin schon mühsam gegen die grassierenden heliozentrischen Ideen an, die der Astronom, Arzt und Mathematiker Nikolaus Kopernikus (1473–1543) einige Jahrzehnte zuvor in die Welt gesetzt hatte: die Vorstellung, die Erde stehe nicht still im Mittelpunkt des Universums, sondern kreise als Planet um die Sonne. Schon das war starker Tobak, und der vorsichtige Kopernikus hatte sogar verfügt, dass seine Untersuchungen, zu denen er durch das Studium des antiken Philosophen und Heliozentrikers Aristarch von Samos angeregt worden war, erst kurz vor seinem Tod veröffentlicht werden durften. Zu Lebzeiten machte er sie nur engen Freunden und Vertrauten zugänglich.

„In der Mitte von allen aber hat die Sonne ihren Sitz. Denn wer möchte sie in diesem herrlichen Tempel (des Planetensystems, Anm.) als Leuchte an einen anderen oder gar besseren Ort stellen als dorthin, von wo aus sie das Ganze zugleich beleuchten kann? Nennen doch einige sie ganz passend die Leuchte der Welt, andere den Weltengeist, wieder andere ihren Lenker, die Elektra des Sophokles, die Allessehende", schrieb Kopernikus im Band 1 seines Buchs *Über die Umdrehungen der Himmelskörper*, publiziert 1543 in Nürnberg.

Die Kirchen, die katholische wie auch ihre protestantischen Schwestern, taten Kopernikus' Lehren vorerst als Ideen eines Spinners ab. 1543 konnten sie sich damit der Zustimmung der Mehrzahl der Gelehrten sicher sein, ließen sich doch manch einleuchtende Argumente gegen den angeblichen Umlauf der Erde um die Sonne vorbringen. Wo bleibt denn der Fahrtwind, den wir alle spüren müssten, wenn die Erde dahinrast? Warum stürzen Steine auf gerader Bahn zur Erde hinab und nicht auf schrägen Bahnen, wenn der Planet doch während des Falls unter ihnen davoneilt? Dann gab es noch recht eindeutige Hinweise in der Bibel, wenn dort etwa zu lesen steht, dass „Gott die Sonne angehalten" habe. Wie soll er sie denn anhalten, wenn sie sich doch gar nicht bewegt? Ein Argument, das der Reformator Martin Luther entdeckt hatte.

Die Bekämpfung, vorwiegend mittels Verspottung, funktionierte einige Jahre lang ganz gut. Doch langsam, aber umso beständiger sickerten die kopernikanischen Vorstellungen in den intellektuellen Diskurs der Renaissance ein. Kopernikus' neue Planetenbahnen hatten etwas Bestechendes, sie waren viel einfacher und logischer als die verwickelten und verwirrenden „Epizyklen" des kirchlichen, geozentrischen Weltbildes samt ihren beständigen Wendemanövern, den – fast schon – Pirouetten, die die Wandelsterne, die Planeten demnach schlugen. Die Berechnung ihrer Positionen wurde durch Kopernikus um vieles einfacher, und das war etwa für den beginnenden weltweiten Seeverkehr sehr hilfreich. Allein die Kapitäne der Handelsschiffe in Venedig, Genua, Amsterdam, Hamburg, London sorgten dafür, dass Kopernikus' Formeln und sein neues Weltbild an Popularität gewannen.

Im Jahr 1600 sah sich die katholische Kirche bereits genötigt, ein Exempel zu statuieren: Der europaweit bekannte Philosoph, Kosmologe und Vertreter der heliozentrischen Idee, Giordano Bruno, wurde in einem Inquisitionsverfahren als Irrlehrer und Ketzer verurteilt und auf dem Campo de' Fiori in Rom öffentlich auf dem Scheiterhaufen verbrannt. Eine Warnung an alle, die meinten, kirchlichen Dogmen ungestraft widersprechen zu können.

Es nützte wenig, wissenschaftliche Fakten sind auf die Dauer schwer zu unterdrücken. Die mächtige Kirche mit ihrem absoluten Wahrheitsanspruch befand sich in der Defensive. Und 1604 tauchte nun noch dieser neue Stern auf, mit freiem Auge zu sehen – den es gar nicht geben durfte. Die *Stella Nova* kam – aus theologischer Sicht – derart punktgenau zur Unzeit daher, man könnte fast meinen, irgendein „Jemand" habe ihn absichtlich und mit Berechnung genau in diese Ära platziert, um Öl ins Feuer zu gießen, um die Debatten weiter anzustacheln und die Position der Kirchen zu schwächen – wenn man an einen solchen „Jemand" glauben will.

Der neue Bewohner am Firmament war indes Wasser auf die Mühlen zweier Männer, die ohnehin schon für genug Aufregung sorgten: Galileo Galilei, damals noch als Mathematiker im Dienst der Dogen-Republik in Venedig, und Johannes Kepler, kaiserlicher Hofastronom in Prag.

Unterschiedlicher hätten die beiden kaum sein können. Hier der laute, selbstbewusste Italiener, der entschieden auch die Öffentlichkeit und ihren Ruhm suchte, der mit gnadenlosem Zynismus jeden abkanzelte, den er als nicht ebenbürtig ansah, bis hin zu den geweihten Astronomen des vatikanischen Observatoriums. Und Galilei sah eher selten jemanden als ihm ebenbürtig an. Dort der stille, bescheidene Kepler, der es vermied, sich in den Vordergrund zu drängen: ein Familienmensch, immer um Ausgleich und Verständigung bemüht. Außer wenn es um die Wissenschaft und ihre Erkenntnisse ging: Da konnte auch Kepler bei aller Zurückhaltung unerbittlich werden.

Persönlich kennengelernt haben sich die beiden nie, doch sie hielten über Jahrzehnte hinweg brieflichen Kontakt miteinander, eine Korrespondenz, die heute mehrere Bände füllt. Sie waren auch nicht in allen Dingen einer Meinung und diskutierten schriftlich oft heftig miteinander, gerade in Bezug auf Keplers wichtigste Entdeckung, die eigentlichen Bahnen der Planeten. In einem Punkt aber waren sie sich völlig einig: beim heliozentrischen Weltbild, das sie gegen die herrschende Doktrin und die Autorität der Kirche, der katholischen wie der protestantischen, vertraten. Den neu aufgetauchten Fixstern sahen sie beide als weiteren, schlagenden Beweis für die kopernikanischen Ideen an. Er widersprach klar den theologischen Dogmengebäuden, entsprechend gierig stürzten sich die beiden Naturforscher auf ihn.

Der Streit um das geozentrische Weltbild ist heute entschieden. Unsere Sonne ist ein Fixstern wie andere auch, die Erde einer ihrer Begleiter, die sie umkreisen – einer von insgesamt acht nach neuerer Zählung. Vor Kurzem waren es noch neun, aber Pluto hat man aus verschiedenen Gründen aus der Liste der Planeten gestrichen und zum Zwergplaneten degradiert. Heute weiß man sogar sicher, was immer schon zu vermuten stand, aber schwer nachzuweisen war: Planeten sind nichts Einmaliges, nichts für unsere Sonne Spezifisches. Auch andere Sterne verfügen über solche Begleiter. Dank astronomischer Vermessung mit modernstem Instrumentarium sind heute mehrere Hundert extrasolare Planeten in unserem näheren kosmischen Umfeld sicher nachgewiesen.

Und mittlerweile hat sich sogar die Kirche durchgerungen: Die Verurteilung Giordano Brunos 1604 – wie auch die Galileis aus 1633 – wurde spät, aber doch im Jahre 2000 aufgehoben, seine Hinrichtung auf dem Scheiterhaufen durch eine extra eingerichtete theologische Kommission zum bedauerlichen Irrtum erklärt.

Die Bahnen der Planeten

Johannes Kepler trat sein Amt als kaiserlicher Hofastronom in Prag als Nachfolger und vormaliger Assistent Tycho Brahes im Jahr 1601 an. Der gebürtige Däne Brahe (1546–1601) war *kein* Heliozentriker, kein Kämpfer für eine neue Wissenschaft, doch vielleicht der fleißigste Astronom aller Zeiten. Über Jahrzehnte hinweg vermaß Tycho Brahe den Himmel, beobachtete unermüdlich und zeichnete jedes Detail mit einer davor nicht da gewesenen Präzision auf. Akribisch verfolgte er den Lauf der Gestirne, füllte Blätter um Blätter, Bücher um Bücher mit seinen Positionsbestimmungen, mit genauen Daten, Zeiten, Winkeln und Stellungen. Seine Bände wirken sogar heute noch monumental: Zahlen, nichts als Zahlen über Tausende Seiten hinweg.

Als Kepler 1601 Brahe auf den Stuhl des Hofastronomen nachfolgte, konnte er auf diese schier endlosen Zahlenreihen zurückgreifen und begann damit, sie im Sinne der heliozentrischen Vorstellungen aufzuarbeiten, weitere Belege für die kopernikanische Sicht der Dinge zu suchen. Dabei entdeckte er eine kleine Unstimmigkeit, Abweichungen gegenüber den von Kopernikus und auch von Keplers Brieffreund Galilei vertretenen Berechnungen: Beide gingen selbstverständlich davon aus, dass die Planeten auf Kreisen um die Sonne wandelten – worauf sonst? Doch das konnte nicht stimmen, erkannte Kepler aus Brahes Zahlen. Es ging sich ungefähr, aber nicht genau aus. Vor allem beim Planeten Mars, jenem mit der größten Bahnexzentrizität im Sonnensystem, wie wir heute wissen, erwiesen sich die Abweichungen zwischen den berechneten Kreisbahnen und den Beobachtungsdaten Brahes als beträchtlich.

Galilei tat das in seinen Briefen an Kepler als Ungenauigkeiten ab, weitere Untersuchungen würden doch die Kreisbahnen bestätigen. Er fürchtete wohl auch, die Abweichungen könnten die heliozentrische Vorstellung insgesamt in Frage stellen, jedenfalls ihren Gegnern als Argument dienen. Aber Kepler hatte Brahe persönlich gekannt und wusste um die unermüdliche Genauigkeit und förmliche Pedanterie seines ehemaligen Chefs. Wenn es hier Abweichungen gab, dann stimmte etwas nicht. Er studierte die Zahlen, ordnete sie neu an, rätselte. Und irgendwann muss er vor seinem inneren Auge gesehen haben, was Sache ist, was die Daten wirklich bedeuteten, wie sie sich zu einem konsistenten mathematischen Modell zusammenfügten: Die Planeten wandern entlang von *Ellipsen* um die Sonne.

Galilei und Kepler wurden sich in diesem Punkt bis zuletzt nicht einig, der Italiener beharrte auf Kreisen. Auch die größten Geister können manchmal irren, und Galilei war tatsächlich im Unrecht. Warum der Pisaner bis zu seinem Tod 1642 auf seinen Kreisen bestand und die zunehmend besseren und immer klareren Argumente Keplers nicht anerkannte, ist bis heute ein Rätsel der Wissenschaftsgeschichte. Vielleicht war Galilei ja nur beleidigt, weil er die fundamentale Entdeckung nicht selbst gemacht hatte.

Kepler klärte ein für alle Mal, wie kleinere Himmelskörper ihre Zentralkörper umkreisen. In einem Zeitraum von etwa eineinhalb Jahrzehnten erarbeitete er die drei auch nach ihm benannten „Keplerschen Gesetze der Planetenbewegung". Geändert hat sich daran nichts mehr, in ihrem Kern sind seine Leitsätze bis heute gültig. Und sie beschreiben nicht nur den Weg eines Planeten um die Sonne. Auch der Mond bewegt sich nach diesen Gesetzen um die Erde, ebenso jeder Satellit, den die NASA, die ESA oder eine andere Weltraumbehörde mit Raketen in den Himmel schießt. *Jede* Bewegung eines Körpers um einen anderen im gesamten Universum folgt den drei Regeln, die Kepler formulierte.

Erstens:

> Die Planeten bewegen sich in Ellipsenbahnen um die Sonne, wobei die Sonne in einem der beiden Brennpunkte der Ellipse steht.

So weit, so einfach.

Zweitens:

> Zieht man eine gerade Linie vom Planeten zu seinem Zentralgestirn, so überstreicht diese Linie in gleichen Zeiten gleiche Flächen.

Dies ist schon nicht mehr so einfach und braucht vielleicht ein wenig Erklärung: Die gedachte Linie vom Planeten zur Sonne kann man sich wie eine Speiche an einem Rad vorstellen. Dreht sich das Rad, überstreicht die Speiche eine Fläche, einen Kreisausschnitt. Bei der gleichförmigen Drehung eines runden Rades ist sie – für eine gegebene, festgelegte Zeitspanne – natürlich immer gleich groß.

Bei einer Ellipse stimmt das nicht so ohne Weiteres: Die Speiche – die gedachte Linie – wird manchmal kürzer, dann wieder länger. Ist der Planet immer gleich schnell unterwegs, dann würde die von der Speiche überstrichene Fläche schwanken, abhängig eben von der Länge der Speiche. Ist sie lang – der Planet also gerade auf einem sonnenfernen Abschnitt seiner Bahn –, dann würde die Fläche größer. Umgekehrt in der Nähe der Sonne: Die Speiche wird kürzer und damit die Fläche kleiner.

Das ist nach Kepler aber *nicht* der Fall. Die Fläche, so erkannte der Hofastronom, bleibt immer gleich. Folge: Der Planet muss auf seiner Bahn unterschiedlich schnell sein, um hier Ausgleich zu schaffen. Er wird im sonnenfernen Abschnitt genau so viel langsamer, dass die Fläche gleich bleibt, obwohl die Speiche länger ist. Umgekehrt im sonnennahen Teil der Bahn: Die gedachte Linie wird kürzer, der Planet entsprechend schneller. Am schnellsten ist er dort, wo er der Sonne am nächsten ist.

Das zweite Keplersche Gesetz besagt also letztlich, mit den genauen Zahlen, die es mitliefert: Der elliptisch „kreisende" Himmelskörper lässt sich Zeit, solange er seinem Stern fern ist. Er beschleunigt, sowie er dem Stern näher kommt, und rast mit Maximalgeschwindigkeit durch den sonnennächsten Abschnitt seiner Bahn. Fast sieht es so aus, als wolle der Begleiter sich von seinem Zentralgestirn lieber fernhalten.

Das dritte Keplersche Gesetz:

Die Quadrate der Umlaufzeiten zweier Planeten verhalten sich wie die Kuben der großen Halbachsen ihrer Ellipsenbahnen.

Das dritte Keplersche Gesetz ist schon seinem Wortlaut nach das komplizierteste. Als Formel aufgeschrieben sieht es etwas einfacher aus:

$$\frac{t_1^2}{t_2^2} = \frac{s_1^3}{s_2^3}$$

... was aber nichts an seinem Gehalt ändert, den man sich kurz überlegen muss. Versuchen wir einmal, es zu vereinfachen: Die Zeit, die ein Planet für eine ganze Runde um die Sonne benötigt, korreliert irgendwie mit seiner Distanz zum Zentralgestirn. Weiter entfernte Planeten brauchen länger. Das klingt logisch, schließlich ist ja auch ihr Weg länger.

Nun ist das Verhältnis aber, so Keplers Erkenntnis, kein einfach lineares, sondern es heißt: *Die Quadrate der Umlaufzeiten verhalten sich wie die Kuben der Entfernungen.* Ein entfernter Planet braucht damit nicht nur länger für seinen Umlauf, er benötigt unverhältnismäßig mehr Zeit. An einem Beispiel: Nehmen wir der Einfachheit halber an, zwei Planeten seien auf fast kreisförmigen Bahnen unterwegs, sodass man den Ellipseneffekt vernachlässigen kann. Der erste mit der Entfernung 1 zur Sonne, der zweite mit der doppelten Entfernung, also 2.

Das bedeutet, die Kuben der Entfernungen verhalten sich wie 1 zu 2 mal 2 mal 2 – also 1 zu 8. Das wäre dann gleich dem Verhältnis der Quadrate der Zeiten. Die Umlaufzeit des zweiten Wandelsterns ist demnach gleich der Wurzel aus 8 – ungefähr 2,8. Ein doppelt so weit entfernter Planet benötigt für eine Umrundung der Sonne daher die fast 3-fache Umlaufzeit. Sein Weg ist aber getreu der berühmten Kreisformel $U = 2r\pi$ (wir haben eine fast kreisförmige Ellipse angenommen) nur und exakt doppelt so lang. Wenn der Himmelskörper für den doppelten Weg drei Mal so lang braucht, dann muss er offensichtlich langsamer unterwegs sein. Anderes Beispiel: Der zweite Planet ist zehn Mal so weit entfernt wie der erste, wieder beide auf fast kreisförmigen Bahnen. Der Kubus der Entfernungen ist dann 10 x 10 x 10 = 1000, die Wurzel daraus etwas über 30. Wenn somit der erste Planet ein Jahr rund um die Sonne benötigt, braucht der zweite schon 30 Jahre. Übrigens sind das ziemlich genau die Bahndaten des schönen Planeten Saturn.

Mit ein wenig Rechnerei wird so auch die dritte Keplersche Regel klar. Sie erwies sich als die wichtigste und für die weitere Entwicklung der gerade entstehenden Physik folgenreichste: Die von Kepler in Zahlen gegossenen Verhältnisse ermöglichten schließlich eine umfassende Theorie der Schwerkraft. Isaac Newton konstruierte sie etwa 50 Jahre später. Dafür brauchte es vor allem einige avancierte Mathematik, die René Descartes (1596–1650) und der Brite selbst erst austüfteln mussten. Letztendlich ergibt sich das, was heute schon Schulkinder lernen: Nimmt man an, wie Newton es tat, dass hinter all der Planetenbewegung eine Schwerkraft, eine immer wirksame Massenanziehung steckt, dann ergibt sich aus den Keplerschen Gesetzen: Diese Kraft muss mit dem Quadrat der Entfernung abnehmen. Doch das ist schon das nächste Kapitel.

Johannes Keplers Leben war von Höhepunkten, aber auch von Rückschlägen bestimmt, die in erstaunlich rascher Folge wechselten. Nach seinem Studium der Mathematik und Astronomie in Tübingen wird der erst 23-Jährige 1594 fest angestellter Professor für Mathematik in Graz – eine Blitzkarriere. Doch er ist Protestant, und im Zug der Gegenreformation häufen sich in der katholischen Stadt die Probleme. Im August 1600, dem Jahr, in dem Bruno in Rom auf dem Scheiterhaufen der Inquisition verbrennt, wird Kepler abgesetzt und gleich auch der Stadt verwiesen. Kepler hat Glück im Unglück. Der Hofastronom des Kaisers in Prag, Tycho Brahe, ist auf den jungen Forscher aufmerksam geworden und verschafft ihm eine Position als Gehilfe. Kepler muss

Brahe tief beeindruckt haben: Wenige Monate später liegt dieser im Sterben und empfiehlt dem Kaiser, den 29-Jährigen zu seinem Nachfolger zu ernennen – eine zweite Blitzkarriere nach dem abrupten Ende der ersten.

Es folgen zehn ruhige Jahre, in denen Keplers erstes Hauptwerk, die *Astronomia Nova*, erscheint. Doch schon schlägt das Schicksal wieder zu. 1611 stirbt Keplers Frau Barbara 38-jährig. Im gleichen Jahr erobert Rudolfs II. Bruder Matthias Prag und lässt sich zum König krönen. Matthias ist kein Freund der Wissenschaften und Künste, wie es Rudolf gewesen war. Er bestätigt zwar Keplers Titel, doch der wird einer ohne Gehalt. Das zwingt den nun 41-Jährigen, eine Stelle als Landschaftsmathematiker für Oberösterreich in Linz anzunehmen.

Wieder geht es aufwärts. Kepler heiratet ein zweites Mal, er wird als Sachverständiger zum deutschen Reichstag in Regensburg eingeladen. Und abwärts: 1615 wird seine Mutter der Hexerei angeklagt. Kepler interveniert, dank seiner Beziehungen gelingt es ihm, die Mutter vor dem Scheiterhaufen zu retten. Doch der Prozess dauert sechs Jahre und bindet einen erheblichen Teil seiner Energie. 1618 bricht der Dreißigjährige Krieg zwischen katholischen und protestantischen Fürsten in Deutschland aus. Kepler hat gerade sein zweites großes Werk fertiggestellt, bescheiden nennt er es nach seinem Vorgänger *Grundriss der kopernikanischen Astronomie*. Es wird sofort von der römischen Inquisition verboten. Aber auch die Protestanten halten die kopernikanischen Ideen für gotteslästerlich, Kepler wird – protestantischerseits – exkommuniziert.

Das hindert das katholische Lager indes nicht, nach seiner Machtergreifung in Linz 1626 den nun 55-jährigen Kepler als Protestanten erneut aus der Stadt zu verbannen. Der Wissenschafter schlägt sich nun als Astrologe durchs Leben. Unter anderem zeichnet er für den katholischen, aber extrem abergläubischen Heerführer Wallenstein ein Horoskop.

Johannes Kepler stirbt 1630 59-jährig in Regensburg.

Newton –
stellt die Physik auf ein Fundament

Die Wogen der Physik haben sich beruhigt. Man hatte akzeptiert, dass sich die Erde um die Sonne drehte, dass alle Körper gleich schnell auf die Erde fielen – wenn man den Luftwiderstand vernachlässigt. Die Welt befand sich im geistigen Aufbruch, die Hexenverbrennungen und die Zahl der Opfer der Inquisition gingen allmählich zurück.

Kepler hatte ein paar Jahre zuvor erkannt, dass sich die Planeten auf Ellipsenbahnen um die Sonne bewegten. Aber warum das so sei, war ihm verborgen geblieben. Ein großes akademisches Problem war immer noch nicht gelöst: Warum fielen die Planeten nicht auf die Erde?

Man muss ein paar Jahrtausende zurückgehen. Der Naturphilosoph Aristoteles (384–322 v. Chr.) meinte in der Antike, dass sich alle Körper zu ihrem natürlichen Ort hinbewegen. Deshalb können Tauben fliegen, weil ihr natürlicher Ort der Himmel sei. Ein Stein fällt zu Boden, weil das eben sein natürlicher Ort sei. Damit hatte man aber ein Problem: Warum sollten die Planeten nicht auf die Erde fallen? Schließlich sollten sie sich zu ihrem natürlichen Ort hinbewegen. So vermutete Aristoteles, dass es eine sogenannte „zentrumsmeidende Kraft" gibt. Diese Kraft verhindert, dass die Steine des Himmels auf die Erde fallen. Das Zentrum war natürlich die Erde, was sonst. Dieses Zentrum wurde später aufgrund der Erkenntnisse von Kopernikus und Kepler durch die Sonne ersetzt. Aber das Problem blieb erhalten – warum fallen die Körper nicht in die Sonne?

Robert Hooke (1635–1703), der damals bekannteste und wichtigste Physiker, erzählte Newton von einem neuen Konzept der Kreisbewegung. Die Bewegung eines Körpers auf einer Kreisbahn wird von zwei Komponenten verursacht: einerseits der Geschwindigkeit, die den Körper antreibt, und andererseits eine Komponente, die versucht, den Körper nach innen zu ziehen. Der große Hooke wird möglicherweise zu Newton gesagt haben: „Isaac, stelle dir eine Kugel an einem Bindfaden vor. Nun lass die Kugel rotieren. Die Kugel muss eine Geschwindigkeit haben, denn sonst passiert überhaupt nichts. Umgekehrt braucht man die Schnur, damit die Kugel nicht einfach auf einer Linie geradeaus weiterfliegt. Bewegt sich die Kugel auf einer kreisförmigen Bahn, so muss die Schnur die ganze Zeit versuchen, die Kugel in das Zentrum zu ziehen." Newton könnte dann noch nachgefragt haben: „Lieber teurer Freund Robert, was passiert nun, wenn ich die Schnur loslasse?" Hooke antwortete einfach: „Na, wenn es keine Kraft gibt, die den Körper ins Zentrum zieht – hier ist es die Schnur –, dann würde die Kugel einfach weiterfliegen. Wichtig ist die Schnur!" So oder ähnlich hätte sich ein Gespräch zwischen den beiden Größen der Physik zutragen können. Mit der Erklärung an Newton war für Hooke das Problem der Kreisbahn gelöst. Später konnte Hooke als erster eine Theorie über die Elastizität von Körpern aufstellen.

Die Idee mit dem Faden brachte aber Newton auf den richtigen Weg. Man muss die zentrumsmeidende Kraft durch eine zentrumssuchende Kraft ersetzen. Also gibt es eine Kraft, die versucht, ähnlich wie der Zwirnsfaden, die Planeten auf einer Kreisbahn zu halten. Damit wäre dieses Problem gelöst. Hurra. Aber wie kann man diese berechnen und beschreiben – schließlich hatte noch nie jemand einen Zwirnsfaden gesehen, der den Mond festhält.

So stellte Newton drei wichtige Prinzipien auf. Diese sind einfach und müssen – solange man nichts Besseres findet – akzeptiert werden. Aus ihnen folgt alles Weitere, wenn man sie richtig kombiniert. Betrachten wir das *Trägheitsprinzip*. Es lautet:

> *Lex prima: Corpus omne perseverare in statu suo quiescendi vel movendi uniformiter in directum, nisi quatenus a viribus impressis cogitur statum illum mutare.*

In der Übersetzung heißt es:

> Erstes Gesetz: Ein Körper verharrt in seinem Zustand der Ruhe oder der gleichförmigen, geradlinigen Bewegung, solange die Summe aller auf ihn einwirkenden Kräfte null ist.

Dieses einfache Prinzip besagt etwas sehr was Einfaches: Ein Körper bleibt so lange dort stehen, solange ihn nicht jemand wegnimmt und wo anders hinstellt. Warum sollte er sich auch wegbewegen? Die Autoschlüssel sind ein Ausnahme – sie werden nicht von der Newtonschen Theorie berücksichtigt. Sie können sich jederzeit dorthin bewegen, wo sie wollen und vor allem dorthin, wo sie der Besitzer nie findet. Doch zurück zu Newton: Solange keine Kraft auf einen Körper einwirkt, bleibt er dort.

Der zweite Teil dieses Prinzips ist schon komplizierter. Ein Körper, der sich bewegt, bleibt in Bewegung. Dies widerspricht der Alltagserfahrung. Lassen wir eine Kugel auf einem Tisch rollen, so wird diese Kugel nach einer bestimmten Zeit liegen bleiben – sie verharrt dann in Ruhe. Die Kugel bleibt nicht in Bewegung. Also wäre dieses Gesetz von Newton falsch. Damit könnten wir dieses Kapitel beenden. Basta und aus.

Aber hier müssen wir etwas genauer sein. Warum bleibt die Kugel eigentlich stehen? Man kann sofort die Reibung zwischen dem Tisch und der Kugel anführen. Die Reibung führt dazu, dass die Kugel immer langsamer wird. Damit hätte aber Newton wieder recht. Die Kugel bleibt in Bewegung, solange keine Kräfte – wie in diesem Beispiel die Reibung – auf sie einwirken. Man kann diesen Effekt in der Natur gar nicht so einfach beobachten, denn meist gibt es immer eine Kraft, die auf einen Körper wirkt.

Wirken Kräfte, so sollte man sich mit dem zweiten Newtonschen Gesetz auskennen: dem *Aktionsprinzip*. Es wird auch als „Kraftgesetz" bezeichnet.

Lex secunda: Mutationem motus proportionalem esse vi motrici impressae, et fieri secundum lineam rectam qua vis illa imprimitur.

Zweites Gesetz: Die Änderung der Bewegung einer Masse ist der Einwirkung der bewegenden Kraft proportional und geschieht nach der Richtung derjenigen geraden Linie, nach welcher jene Kraft wirkt.

Damit sollte man einmal klären, was überhaupt eine Kraft ist. Eine Kraft ist eine Beschleunigung, die auf eine Masse einwirkt. Die Masse wird dabei immer schneller. Die einfachste Kraft, mit der wir im Alltag zu kämpfen haben, ist die Schwerkraft. Die Erde zieht alle Köper an. Drückt man das Ganze etwas physikalischer aus, müsste man sagen: Die Erde beschleunigt alle Körper mit einem g (g = 9,81 m/s^2) zu ihrem Zentrum. Lassen wir einen Körper fallen, so wird dieser Körper immer schneller, bis er auf die Erdoberfläche auftrifft – oder vom Luftwiderstand abgebremst wird. Das ist auch der Grund, warum alle Körper gleich schnell fallen. Sie werden alle mit einem g beschleunigt.

Es gibt verschiedene Kräfte, die wirken können. Wirkt eine Kraft, so wird der Körper während der Wirkung beschleunigt. Das heißt, der Körper wird schneller oder langsamer. Je größer die Kraft ist, umso größer ist dann auch die Beschleunigung. Wohin wird der Körper beschleunigt? Genau in die Richtung, aus der die Kraft herkommt. Eigentlich gar nicht so schwierig, oder?

Auch das dritte Gesetz ist nicht schwierig. Es wird als *Reaktionsprinzip* bezeichnet.

> *Lex tertia: Actioni contrariam semper et aequalem esse re-*
> *actionem: sive corporum duorum actiones is se mutuo sem-*
> *per esse aequales et in partes contrarias dirigi.*

> Drittes Gesetz: Kräfte treten immer paarweise auf. Übt ein
> Körper auf einen anderen Körper eine Kraft aus (actio), so
> wirkt eine gleich große, aber entgegengesetzte Kraft vom
> anderen Körper auf den ursprünglichen Körper (reactio).

Das macht auch Sinn. Zu jeder Kraft gibt es eine gleich große entgegengesetzte Kraft. Werden wir angegriffen, so verteidigen wir
uns. Ist ein Pärchen ineinander verliebt, so haben beide die gleichen Gefühle zueinander, streiten sie, haben sie zwar auch die
gleichen Gefühle, wenn auch andere. Problematisch wäre es,
wenn der eine Partner immer noch verliebt ist und der andere
streiten möchte. Aber das ist Psychologie und viel schwieriger als
Physik.

Warum sehen wir nur die zweite Kraft so selten? Nehmen
wir eine Feder und versuchen wir diese zusammenzudrücken.
Unsere Finger üben eine Kraft auf die Feder aus. Umgekehrt
versucht die Feder ihre ursprüngliche Länge zu bewahren. Die
Feder übt auch auf die Finger eine Kraft aus. Jeder, der einmal
versucht hat, einen Nagel mit seinen Fingern aus der Wand
herauszuziehen, weiß, wie schmerzhaft das sein kann. Auch
wenn wir versuchen, ein Gurkenglas zu öffnen, so wirken zwei
Kräfte. Einerseits die Kraft der Hand, die versucht, den Deckel
zu drehen und andererseits die molekularen Kräfte, die den
Deckel am Glas festhalten.

Was ist aber mit einem fallenden Butterbrot? Da wirkt nur
die Schwerkraft, die es zum Boden fallen lässt. Wo ist hier die
zweite Kraft? Diese Frage stellte auch Newton vor ein großes
Problem. Die Legende besagt, dass ihm die Antwort unter einem
Apfelbaum eingefallen sei, als ein Apfel heruntergefallen ist.
Der Apfel fällt zur Erde, weil er von der Erde angezogen wird.

Aber auch der Apfel zieht die Erde an. Fällt der Apfel, so bewegt sich der Apfel zum Erdmittelpunkt. Gleichzeitig bewegt sich aber auch die Erde auf den Apfel zu. Allerdings ist die Erde viel größer als der Apfel. Folglich hat der Apfel einen doch geringeren Einfluss auf die Erde. So wird sich die Erde nur ganz wenig auf den Apfel zu bewegen. Damit gibt es wieder zwei Kräfte: eine Kraft, die den Apfel anzieht und eine Kraft, welche die Erde anzieht.

Damit war aber auch Newton klar, wie er die Bewegung der Planeten im Sonnensystem erklären könnte. Er musste den Begriff „zentrumsmeidend" mit dem Begriff „zentrumssuchend" ersetzen. Es gab also eine Kraft, die versucht, ähnlich wie der Zwirnsfaden, die Planeten auf Kreisbahnen zu ziehen. Alle Körper ziehen sich wechselseitig an.

Somit war ein großes Rätsel gelöst, das sich in der Formel:

$$F = G\,\frac{m_1 m_2}{r^2}$$

widerspiegelt. Haben zwei Objekte mit der Masse m_1 und m_2 den Abstand r, so wirkt eine Kraft F zwischen den beiden Objekten. Das G ist die Gravitationskonstante.

Dadurch konnte Newton die Bewegungsgleichungen der Planeten lösen und die Berechnungen deckten sich mit den Beobachtungen von Kepler. Die Welt war in Ordnung. Alles konnte berechnet werden. Was hier noch verschwiegen wird, ist die Tatsache, dass Newton für die Berechnungen eine neue Mathematik entwickeln musste. Die Infinitesimalrechnung – auch als Differential- und Integralrechnung bekannt – wurde von ihm für diese Probleme entwickelt. Gleichzeitig hat aber auch Gottfried Wilhelm Leibniz (1646–1716) diesen Zweig der Mathematik entwickelt. Es gab jahrelang einen Streit, wer denn der erste war, der differenzieren konnte. Historische Untersuchungen zeigten aber, dass beide Genies unabhängig arbeiteten und ungefähr zur gleichen Zeit zur gleichen Lösung kamen.

Der Physiker Newton entwickelte auch noch ein nach ihm benanntes Fernrohr, mit dem man viel klarer sehen konnte als mit dem Galileischen Fernrohr. Eine der beiden Linsen wurde durch einen Spiegel ersetzt. Große Linsen ließen sich damals nicht so leicht herstellen, große Spiegel schon.

Newton zerlegte weißes Sonnenlicht in seine Farben durch ein Glasprisma. Er konnte zeigen, dass diese Farben sich nicht mehr weiter zerlegen lassen. Damit begann eine systematische Untersuchung des Lichts.

Im Jahr 1727 starb Sir Isaac Newton und wurde in der Londoner Westminster Abbey beigesetzt.

Bernoulli – warum ein Flugzeug fliegt

„Von nix kommt nix." Diese sprichwörtliche Weisheit, die uns der Volksmund lehrt, gilt absolut präzise auch in der Physik. Sie heißt hier „Energie-Erhaltungssatz" und stellt ein fundamentales Prinzip dar. Vereinfacht lautet es: Energie kann weder aus dem Nichts entstehen noch ins Nichts verschwinden. Oder etwas präziser formuliert: In einem abgeschlossenen System wird Energie immer nur von einer Form in eine andere umgewandelt. Die Summe der im System enthaltenen Energien bleibt gleich.

Nun darf man sich hier unter einem abgeschlossenen System nicht ein Gefängnis mit besonders hohen Mauern vorstellen. Ein abgeschlossenes System besteht in der Physik vielmehr darin, dass dieses nicht von außen beeinflusst wird, dass es gegenüber seiner Umgebung gleichsam isoliert ist. Dabei kann sogar ein einzelner Gegenstand ein solches System darstellen.

Einfachstes Beispiel dafür ist ein auf und ab springender Ball: Er prallt auf den Boden und springt hoch. In diesem Moment ist seine Geschwindigkeit am größten – und damit auch seine Bewegungsenergie. Auf dem Weg nach oben verringert sich seine Geschwindigkeit laufend. Die verlorene Bewegungsenergie geht aber eben nicht verloren. Sie wird – gemäß dem Gesetz der Energie-Erhaltung – umgewandelt: in eine Energie der Höhe. Diese, die *potenzielle* Energie, speichert gleichsam die Bewegungsenergie. Schließlich erreicht der Ball seinen höchsten Punkt und kehrt um. Für diesen kurzen Moment ist seine Geschwindigkeit gleich null – also auch seine Bewegungsenergie. Gleichzeitig ist seine potenzielle Energie am größten.

Auf dem Weg abwärts passiert genau das Gegenteil. Potenzielle Energie wird wieder zu Bewegungsenergie umgewandelt, auch *kinetische* Energie geheißen. Effekt: Der Ball wird immer schneller. Mit dem Aufprall auf dem Boden beginnt das Spiel von vorne.

Dazu ist nun noch einiges zu sagen. Der springende Ball stellt kein hundertprozentig abgeschlossenes System dar. Er muss den Luftwiderstand überwinden und gibt so laufend Energie an die Umgebung ab, die sich dadurch erwärmt. Außerdem verliert der Ball bei jedem Aufprall ein wenig Energie an den Boden, der sich ebenfalls ein bisschen erwärmt und – wohl nur minimal, aber doch – deformiert wird. All das kostet Energie, und deshalb springt der Ball beim nächsten Mal weniger hoch als beim vorigen.

Würde das Ganze allerdings im Vakuum stattfinden, wäre weiters der Untergrund ideal hart und der Ball selbst ideal elastisch, sodass keinerlei Energie nach außen abginge, wäre er in der Tat ein abgeschlossenes System. Er würde ewig weiterspringen und dabei gemäß dem Satz von der Energie-Erhaltung immer wieder die gleiche Höhe erklimmen.

In diesem Fall würde Energie immer nur von der einen in die andere Form umgewandelt – von Bewegungs- in potenzielle Energie und zurück. Und das bedeutet für jeden einzelnen Moment:

> Die Summe aus kinetischer plus potenzieller Energie bleibt immer gleich.

Sie ist konstant, wie Physiker sagen.

Nun ist der springende Ball kein völlig abgeschlossenes System, und leider kommen solche in der Natur gar nicht vor. Auf irgendeine Weise geht immer Energie an die Umgebung verloren. Mit einer einzigen Ausnahme: Das Universum insgesamt stellt ein ideal abgeschlossenes System dar. Zumindest nehmen Kosmologen das an. Alles andere ist nie wirklich ganz „dicht". Das abgeschlossene System der Physik ist eine Idealisierung, freilich eine nützliche: In der Realität existieren doch oft fast abgeschlossene Systeme. Häufig kann man die Energieverluste auch aus dem System herausrechnen. Der Rest gehorcht dann der Energie-Erhaltung.

Oder: Man gleicht die Verluste aus, indem die heraussickernden Energiemengen auch wieder von außen zugeführt werden. Bestes Beispiel dafür ist eine mechanische Uhr, in der die Energie der gespannten Feder die Reibungsverluste des Uhrwerks ständig ausgleicht. Effekt: Die Uhr läuft konstant gleich schnell, solange man sie – Energiezufuhr von außen – immer wieder aufzieht.

In solchen und ähnlichen Mechanismen gilt für die sonstige Bilanz wieder die Energie-Erhaltung. Deshalb macht das rechnerische Manöver der abgeschlossenen Systeme Sinn.

Etwa um das Jahr 1740 begann Daniel Bernoulli (1700–1782), sich für das Verhalten bewegter Flüssigkeiten und Gase und für die darin wirkenden Kräfte zu interessieren. Der Schweizer entstammte einer wahren Dynastie von Wissenschaftern. Salopp gesprochen: Was die Familie Bach für die Musik, die Kennedys oder Rockefellers für den Kapitalismus, das waren die Bernoullis auf dem Gebiet der Naturwissenschaften – ein zerstrittener Clan, eine Sippe, in der der Vater dem Sohn den Ruhm nicht gönnte, wo der größte Konkurrent aus dem eigenen Haus kam. Doch Konkurrenz belebte, wie so oft, das Geschäft, und so brachten die Bernoullis über Generationen hinweg eine ganze Reihe brillanter Köpfe auf den Gebieten der Mathematik und Physik hervor.

Der im holländischen Groningen geborene Daniel war ursprünglich allerdings weder Physiker noch Mathematiker, sondern gelernter Mediziner und Naturkundler – Biologe, würde man heute sagen. Er interessierte sich für fliegende Vögel und schwimmende Fische. Dabei entdeckte er seltsame Phänomene, die sich nicht erklären ließen. Auffällig schien auch, dass sie bei Vögeln in der Luft in gleicher Weise auftraten wie bei Fischen, die doch im Wasser schwammen. Es war wohl die familiäre Vorbelastung, die Daniel Bernoulli erkennen ließ: Für seine Beobachtungen musste es eine physikalische Grundlage geben.

Wie lange er über dem Problem grübelte, wissen wir nicht. Doch eines Tages kam ihm eine Idee. Das passiert oft bei Entdeckungen in der Physik: Ein zündender Funke, eine plötzliche Verbindung aus Intuition und Wissen bringt den Durchbruch. Das berühmteste Beispiel dafür ist wohl Albert Einstein: Über fünf Jahre dachte er erfolglos über die Probleme der Relativbewegungen nach – um die „Spezielle Relativitätstheorie" zuletzt in einer einzigen Nacht zu entwickeln.

Doch zurück zu Daniel Bernoulli: *Die Summe aus potenzieller + kinetischer Energie ist konstant.* Ohne Frage galt dieses Prinzip auch in Flüssigkeiten und Gasen. Gase und Flüssigkeiten stehen unter Druck – und sie beinhalten auf diese Weise Energie. Anders als beim springenden Ball tritt Energie hier nicht nur als potenzielle oder Bewegungsenergie auf, sondern noch in der dritten Form des *Drucks*.

Das schönste Beispiel dafür ist ein Luftballon. Um ihn aufzublasen, braucht es eine kräftige Lunge: Energie muss aufgewendet werden, um den Widerstand der elastischen Ballonhaut zu überwinden. Diese Energie verschwindet aber nicht, sondern wird zu Druck im Inneren des Ballons. Der Druck wiederum hält die bunte Gummihülle prall und rund – zumindest solange sie zugebunden ist.

Jedes Kind kennt auch den Effekt, wenn man den Ballon nach dem Aufblasen einfach loslässt: Er flitzt durch die Luft und wirbelt wild umher. Was dabei physikalisch vor sich geht, ist nun auch klar: Der Energie-Erhaltungssatz tritt in Aktion, die im Druck gespeicherte Energie verwandelt sich in Bewegungsenergie. Das treibt den Ballon auf seinem witzigen Zickzackkurs an.

Bernoulli selbst kannte den Energieerhaltungssatz nicht. Aber später fanden andere Physiker, dass bei strömenden Medien der Druck in die Energiebilanz des Systems mit eingerechnet werden muss. Und so formulierte er, analog zum Fall des springenden Balls: Die Summe aus potenzieller Energie + kinetischer Energie + Druckenergie bleibt konstant.

Das wäre die Bernoullische Gleichung in einer umfassenden Form. Doch es geht noch einen Schritt weiter, und darin liegt der Trick: Die potenzielle Energie bleibt in Gasen und Flüssigkeiten für sich gesehen meist gleich. Sie kann aus der Formel herausgenommen werden. Dann bleibt übrig:

> Die Summe aus Druckenergie + kinetischer Energie = konstant.

Damit ergibt sich aber eine direkte Beziehung zwischen der Fließgeschwindigkeit eines Mediums und dem Druck, unter dem es steht. Wird die Geschwindigkeit an irgendeiner Stelle höher, so muss dort Unterdruck entstehen: mehr Bewegungsenergie – weniger Druck. Umgekehrt gilt: Eine geringere Geschwindigkeit bewirkt größeren Druck.

Noch zwei Dinge sind dabei bedeutsam. Erstens: Dank der konkreten mathematischen Beziehungen, für die es wieder eine Formel gibt, sinkt und steigt der Druck mit dem Quadrat der Geschwindigkeitsdifferenz. Schon kleine Geschwindigkeitsunterschiede lassen den Druck vergleichsweise kräftig anwachsen – oder auch fallen. Zweitens: Es ist egal, ob ein Gegenstand still im Luftstrom steht, oder ob umgekehrt die Luft stillsteht und der Gegenstand sich bewegt. In beiden Fällen gibt es eine Relativbewegung zwischen Objekt und Medium, und Bernoulli beginnt zu wirken.

Die beste Anwendung der Erkenntnisse des Schweizers ist das Flugzeug. Was hält den Flieger in der Luft? – Nun, bekanntlich sind es seine Flügel, die Tragflächen. Tragflächen tragen diesen Namen aber etwas zu Unrecht. Sie sind eben nicht flach. Im Profil erscheint die Tragfläche – etwas vereinfacht – als abgeflachter Halbkreis. An der oberen, bauchigen Seite muss die Luft um diesen Bauch herumströmen. Ihr Weg ist dort länger als unter dem Flügelprofil, wo nichts im Weg steht. Also legt sie an Geschwindigkeit zu, um das Profil zu umströmen.

Das führt, siehe Bernoulli, unvermeidlich zu einem Unterdruck dort, wo das Tempo größer ist: an der Oberseite der Tragfläche. Und der zieht den Flügel in die Höhe, und damit das gesamte Flugzeug. Wohlgemerkt: Das Aeroplan wird nicht hochgehoben, sondern hochgezogen. Und es fliegt, solange es sich nur schnell genug durch die Luft bewegt. Im Vakuum würde das mangels Luft übrigens nicht funktionieren. Deshalb sind Tragflächen an Raumschiffen ziemlich sinnlos. Wenn Sie dergleichen in Science-Fiction-Filmen im Kino sehen, können Sie darüber getrost lächeln.

Ein anderer Fall für Bernoulli tritt im Sport auf. Kann man einen Fußball um die Ecke schießen? – Nicht so leicht. Und doch haben sogenannte „Bananenschüsse" schon Weltmeisterschaften entschieden. Der brasilianische „Ballesterer" Roberto Carlos etwa wurde berühmt dafür. Der Trick ist im Prinzip auch bekannt: Der Ball muss sich drehen, er muss rotieren. Dank des „Effets", des Dralls, bewegt sich die Luft auf der einen Seite schneller, auf der anderen langsamer an ihm vorbei. Tatsächlich bewegt sich natürlich der Ball, aber das ist, wie gesagt, egal. Die Strömgeschwindigkeit relativ zum rotierenden „Leder" ist auf einer Seite größer. Damit zieht entstehender Unterdruck den Ball von seiner geraden Linie weg und lässt ihn eine Kurve beschreiben.

Das Gleiche gilt natürlich für einen Tennisspieler, der ein Ass serviert, oder für den Golfer, der seinen kleinen Ball mit Effet einlocht. Immer ist es Bernoullis Strömungsgleichung, die die Bälle auf ihre genial gekrümmten Bahnen zwingt.

Beim Bumerang verzerrt die Rotation und der damit hergestellte Unterdruck die Flugbahn sogar so stark, dass er zum Werfer zurückkehrt – wenn der geschickt genug ist. Ein weiteres Beispiel ist das Segeln gegen den Wind, das – ähnlich der Tragfläche – den Unterdruck auf der ausgebauchten Seite des Segels nützt: Er zieht das Boot gegen den Wind vorwärts.

Wie in der Luft funktioniert das Bernoulli-Prinzip auch im Wasser. Fische nutzen das seit jeher, die Evolution hat es ihnen beigebracht. Heute findet es sich in den Konstruktionsplänen von U-Booten wieder. Pumpen funktionieren nach dem Bernoulli-Gesetz und auch Motoren: bei der Benzinzuführung ebenso wie im Auspuff. Apropos Abgase: Jeder Schornstein muss nach oben hin schmäler werden. Dadurch beschleunigt sich das Gas, der Bernoullische Unterdruck beginnt zu wirken, und der zieht Rauch und Asche hinan. In einem Schornstein, der sich nach oben verbreitert, passiert das Gegenteil – mit fatalen Folgen. Bernoulli ist wahrlich überall.

Seine Beobachtungen machten den Biologen, der unversehens zum Physiker geworden war, schlagartig berühmt. Seit 1733 hatte er bereits die Professur für Anatomie und Botanik an der Universität Basel inne, 1750 beförderte man das Allround-Genie auch noch zum Physikprofessor – wiewohl er als Physiker eigentlich nur einen familiär vorbelasteten Autodidakten darstellte. War die exakte Naturwissenschaft auch nicht an seinem Anfang gestanden, am Ende krönte Daniel mit seinen Erkenntnissen die Dynastie der Bernoullis.

Doppler – „Wrraaaoooom…"

„Wrraaaoooom…" – Nein, wir sind jetzt nicht in Walt Disneys Entenhausen oder sonstwo in der Welt der Comics gelandet. Wir stehen bloß am Straßenrand, und ein Auto fährt vorbei. Das kennt jeder: Solange das Auto sich nähert, klingt das Geräusch des Gefährts höher. Im Moment, in dem es vorbeifährt, schlägt der Ton um. Das sich entfernende Fahrzeug klingt plötzlich tiefer. Das ist der Doppler-Effekt. Am besten hört man ihn natürlich bei einem Formel-1-Rennen und umso besser, je näher man an der Rennstrecke steht: „Wriiiiiiuuuuum…"

Es liegt übrigens nicht am Auto. Der Doppler-Effekt funktioniert in gleicher Weise auch mit Zügen. Dabei hat man einzig das Problem, dass der Zug lange braucht, um vorbeizufahren. Daher bemerkt man das Umschlagen der Tonhöhe nicht so markant wie bei einem Auto oder Motorrad. Der Effekt würde auch mit Flugzeugen funktionieren, wenn sie nahe genug vorbeifliegen, und mit jedem anderen bewegten Objekt, das Geräusche oder Töne von sich gibt.

Christian Doppler (1803–1853) hieß der Physiker, Mathematiker und Astronom, der den auch nach ihm benannten Effekt entdeckte. Im Jahr 1842 veröffentlichte der gebürtige Salzburger in Prag, wo er an der Universität eine Professorenstelle innehatte, jene wissenschaftliche Arbeit, die ihn berühmt machen sollte: *Über das farbige Licht der Doppelsterne.*

Sie werden jetzt vielleicht einwerfen, dass dieser Titel nichts mit geräuschvollen Autos, mit Flugzeugen oder anderen Transportmitteln zu tun hat. Licht ist ja eher eine lautlose Angelegenheit. Nun, der Doppler-Effekt beschränkt sich nicht auf Tönendes, er funktioniert auch mit dem Licht der Sterne. Er ist ein Wellenphänomen, und er trifft für Wellen jeder Art zu. Und dass Doppler seinen Effekt „entdeckte", ist so formuliert auch nicht korrekt. Er berechnete ihn ohne Erfahrungsgrundlage vorerst rein theoretisch, sagte den Effekt zu seiner Zeit tatsächlich voraus.

Damals, 1842, gab es keine Autos. Das Phänomen, das heute jedem geläufig ist, der schon einmal an einer Straße stand, war völlig unbekannt. Christian Doppler erkannte, dass Wellen, die von bewegten Beobachtern registriert werden, ihre Frequenz gegenüber der Messung eines ruhenden Empfängers ändern müssen. Analoges muss gelten, wenn die Quelle der Wellen selbst sich bewegt.

Um seine Prognose, die Veränderung der Tonhöhe bei bewegten Schallquellen zu verifizieren, musste man zunächst eine Versuchsanordnung schaffen. Dafür engagierte man ein paar Musiker, nämlich Trompeter: Einer der Blechbläser stand auf einem Zug und stieß in sein Instrument. Am Bahndamm horchten weitere Musiker, die dank ihres geübten Gehörs in der Lage waren, eine allfällige Veränderung der Tonhöhe genau in Halb- und Vierteltonschritten anzugeben. Der Zug fuhr an der Gruppe der Lauschenden vorüber – und tatsächlich: Die Tonhöhe veränderte sich nicht bloß, wie vorausgesagt. Auch das Ausmaß der Veränderung stimmte exakt mit Dopplers Prognose überein – ein Triumph für den jungen Physiker.

Wellenberge und -täler

Um den Doppler-Effekt zu verstehen, muss man wissen, dass Schall ein Wellenphänomen ist. Um dies wiederum zu verstehen, stellt man sich am besten an einen Teich, möglichst bei Windstille und ruhigem Wetter, sodass die Wasseroberfläche spiegelglatt ist. Nun wirft man einen kleinen Stein ins Wasser. Jeder weiß, was passiert: Eine Welle entsteht. Kreisförmig breitet sie sich von der Stelle, an der der Stein ins Wasser fiel, über die Wasseroberfläche aus.

Schall, Geräusche, Töne und was es sonst noch gibt an mehr oder weniger wohlklingenden akustischen Ereignissen, ist ebenfalls eine Welle. Allerdings nicht im Wasser, sondern in der Luft. Dass man sie nicht sieht, liegt einzig daran, dass die Luft durchsichtig ist. Eventuell wäre noch zu erwähnen, dass die Schallwellen in der Luft sogenannte *Longitudinalwellen* sind, Wasserwellen hingegen *Transversalwellen*. Aber eigentlich ist das schon etwas für Spezialisten.

Eine Welle besteht aus Wellenbergen und Wellentälern, die in einem gegebenen Rhythmus aufeinander folgen. In der Luft, bei Longitudinalwellen, sind es nicht Berge und Täler, sondern Stellen mit höherer und solche mit geringerer Dichte. Abgesehen davon funktionieren Schallwellen in der Luft aber genau so wie Wellen auf einer Wasseroberfläche. Für den Doppler-Effekt ist das egal.

Nehmen wir also an, man hätte Wasserwellen in einem Teich vor sich und bewegt sich, schwimmend oder mit einem Boot, auf deren Ausgangspunkt zu. Dann wird man in einer gegebenen Zeiteinheit mehr Wellenberge passieren, als in der gleichen Zeit ankommen, wenn unser Boot still und unbeweglich im Wasser liegt. Man fährt ihnen ja entgegen.

Die Zahl der Wellenberge pro Zeiteinheit nennen Physiker die *Frequenz*. Mit anderen Worten: Bewegt man sich auf die Quelle der Wellen zu, wird die Frequenz höher: je mehr Wellenberge, desto höher die Frequenz.

Auch der umgekehrte Fall leuchtet ein: Bewegt man sich vom Ausgangspunkt weg, müssen die Wellen das Boot oder den Schwimmenden erst einholen. Offenbar werden weniger Wellen eintreffen. Die Frequenz wird tiefer. Nun muss man noch wissen: Bei Schallwellen hört der Mensch die Frequenz als Ton, als Tonhöhe. Das „Messgerät Ohr" zeigt eine höhere Frequenz durch einen höheren Ton an.

Man kann sich auch gut vorstellen, dass es gleichgültig ist, ob der Hörer sich der stillstehenden Schallquelle nähert oder ob umgekehrt *der Hörer stillsteht und* die Schallquelle sich bewegt. Der Effekt ist der gleiche: Nähert sich die Schallquelle, werden die Wellen vor ihr offenbar verdichtet, gleichsam zusammengestaucht. Effekt: Beim Hörer am Straßenrand treffen mehr Wellenberge ein, der Ton wird höher. Hinter der sich bewegenden Schallquelle hingegen werden die Wellenberge sozusagen „verdünnt". Das entspricht der tieferen Frequenz, die wir hören, sobald das Auto von uns weg fährt.

Es gibt noch einen Spezialfall des Doppler-Effekts: Was passiert, wenn sich die Schallquelle schneller durch die Luft bewegt als die Wellen, die sie aussendet? Offenbar werden die Wellen vor dem Schallsender dadurch extrem zusammengestaucht. Die Wellenberge bekommen dabei praktisch den Abstand null, sie überlagern sich. Folge: Es kommt zu einer extremen, unkontrollierten und chaotischen Verdichtung der Luft. Das Ergebnis ist der „Überschallknall".

Der Doppler-Effekt, die scheinbare Veränderung der Frequenz, sobald ein Sender und ein Empfänger sich relativ zueinander bewegen, stellt ein fundamentales Wellenphänomen dar. Es trifft, wie schon festgestellt, auf alle Wellen zu. Christian Doppler hatte seinen Effekt eigentlich für das Licht von Sternen berechnet, er wollte wissen, wie Sterne sich bewegen.

Die Frequenz des sichtbaren Lichts sieht der Mensch als Farbe. Tiefe Frequenz bedeutet Rot, hohe Frequenz Blau bis Violett. Dazwischen gibt's Orange, Gelb, Grün und andere Farben, wie sie in jedem Regenbogen zu bewundern sind: ein kontinuierliches Spektrum leuchtender Farbigkeit. Weiters existiert darunter – mit einer geringeren Frequenz, die wir nicht sehen können – Infrarot, das man als Wärme wahrnimmt, darüber Ultraviolett, kurz UV-Licht, das nicht sehr gesund ist.

Ärzte und Polizisten

Interessant für den Physiker ist dabei, dass man auch umgekehrt aus der Frequenzänderung die Geschwindigkeit eines entfernten Objekts berechnen kann. Geschwindigkeiten vorbeisausender Gegenstände sind an sich nicht leicht zu messen, und erst recht nicht, wenn sie weit weg sind. Hier bietet der Doppler-Effekt eine Möglichkeit: Man bestrahlt das Objekt etwa mit Mikro- oder Radiowellen einer bekannten Frequenz. Das Objekt reflektiert die Strahlung und wird so quasi zum Sender. Aus der Differenz der ursprünglichen und der reflektierten Frequenz lassen sich Richtung und Geschwindigkeit berechnen: Wird die Frequenz tiefer, entfernt sich das Objekt, wird sie höher, kommt es näher. Das Ausmaß der Änderung zeigt wiederum das Tempo an.

Als nützlich erweist sich das nicht nur für Physiker und Techniker, sondern auch für die Polizei: Sie misst auf genau diese Weise mit Radarblitzen die Geschwindigkeit fahrender Automobile. Sollte Ihnen also demnächst einmal ein Strafzettel wegen Überschreitung der erlaubten Höchstgeschwindigkeit im Straßenverkehr ins Haus flattern, können Sie sicher sein: Sie verdanken ihn Christian Doppler ...

Doch der Effekt hat auch positive Wirkungen. Er wird etwa in der Medizin eingesetzt, bei Ultraschalluntersuchungen oder um die Geschwindigkeit des Bluts zu messen. Das funktioniert im Prinzip genau so wie beim Auto: Blutkörperchen reflektieren das Signal einer Ultraschallquelle, aus der Frequenzänderung ergibt sich ihre Fließgeschwindigkeit. Ärzte orten so Stauungen in Arterien und Venen und erkennen drohende Gefäßverstopfungen und Herzinfarkte. Doppler rettete sicher schon einer Unzahl solcher Risikopatienten das Leben.

Der wohl größte und wissenschaftlich wichtigste Triumph wurde Doppler exakt 76 Jahre nach seinem Tode zuteil: 1929 entdeckte der amerikanische Astronom Edwin Powell Hubble, dass das Licht ferner astronomischer Objekte zum Roten hin verschoben, seine Frequenz also reduziert ist. Gemeint ist natürlich jenes Licht, das hier auf der Erde eintrifft.

Geringere Frequenz bedeutet nach Doppler: Der Stern, die Galaxie, der Nebel entfernt sich. Hubble, aufmerksam geworden, forschte weiter. Er bemerkte bald, dass die Rotverschiebung bei allen weit entfernten Beobachtungsobjekten in seinen Fernrohren auftritt. Und noch mehr: Die Rotverschiebung wird umso stärker, je größer die Entfernung bereits ist.

Nach den Doppler-Gesetzen kann das nur bedeuten: Sämtliche Objekte des Himmels entfernen sich von uns, und sie entfernen sich sogar umso schneller, je weiter sie bereits weg sind.

Damit war klar: Das Universum expandiert. Es dehnt sich aus, wird als Ganzes ständig größer. Und wenn es heute expandiert, dann war es früher, zurückgerechnet, kleiner und noch früher noch kleiner. Irgendwann in einer fernen Vergangenheit muss es winzig gewesen sein und zuletzt nur noch ein Punkt von unendlich kleiner Dimension.

Das war der „Urknall". Heute gehen wir davon aus, dass dieser Urknall, der „Big Bang", in dem der gesamte Kosmos in einem unendlich kleinen Punkt geboren wurde, vor 13,7 Milliarden Jahren stattfand. Es ist unvorstellbar lange her – und bereits ein anderes Kapitel, das wir in diesem Buch noch später aufschlagen werden.

Maxwell – bewegte Elektronen, Magneten und das Licht

Und Gott sprach:

$$\nabla \cdot \vec{D} = \rho$$
$$\nabla \cdot \vec{B} = 0$$
$$\nabla \times \vec{E} = -j\,\omega\,\vec{B}$$
$$\nabla \times \vec{H} = \vec{J} = (\sigma + j\omega\varepsilon)\,\vec{E}$$

Und es ward Licht.

T-Shirts mit diesem meist bunten, für den Außenstehenden sicher kryptischen Aufdruck waren in den 1990er Jahren unter Physikstudenten eine Zeit lang groß in Mode. Vor allem natürlich in den USA, dort ist ja irgendwie alles Gott. Man darf das nicht zu ernst nehmen. Amerikaner sagen gern auch: „In God we trust – everybody else pays cash." Soll sein.

Die vier Formeln, die Gott gesprochen haben soll, um das Dunkel aus der Welt zu schaffen, gehören indes fraglos zu den berühmtesten der Welt. Sie stammen vom schottischen Physiker James Clerk Maxwell (1831–1879) und beschreiben tatsächlich das Wesen, die Natur des Lichts. Jedenfalls so, wie sie sich Ende des 19. Jahrhunderts darstellte.

Dass Maxwell bei der Konstruktion seiner berühmten Formeln von Gott selbst inspiriert gewesen sein könnte, ist übrigens auch keine neue Idee. Der zweite große Physiker der zweiten Hälfte des 19. Jahrhunderts, der Österreicher Ludwig Boltzmann, ein enger Freund und wissenschaftlicher Korrespondenzpartner Maxwells, soll in seinen Vorlesungen an der Universität Wien seine Herleitung der Maxwellschen Gleichungen gern mit dem Satz beendet haben: „War es ein Gott, der diese Zeilen schrieb?"

Maxwell und Boltzmann: Es gibt sogar eine wichtige Gleichung, die heute den Namen „Maxwell-Boltzmann-Verteilung" trägt, von den beiden gemeinsam erarbeitet wurde und fundamental für die Theorie der Wärme, die Thermodynamik ist. Auch ein paar andere Dinge gehen auf den Briten zurück, den letzten Spross der alten und ehrwürdigen schottischen Familie der Clerks of Penicuik: Maxwell produzierte etwa das erste Farbfoto der Geschichte – zum Nachweis der additiven Mischung von Farben, die er ebenfalls entdeckt hatte.

Doch zu seinen berühmten Formeln. Zwei Bemerkungen vorab: Wie Maxwells Gleichungen sofort erkennen lassen, kann man sie unmöglich auf die Schnelle mit ein paar einfachen Worten erklären. Maxwell benutzt darin das mathematische Konstrukt von komplexen Differentialoperatoren, und allein diese zu erklären, würde den Rahmen dieses Buches sprengen. Dafür muss man etwas Mathematik studieren. Doch Sie werden sehen, es gilt auch hier: Man muss nicht alles wissen, um zu verstehen, worum es grundsätzlich geht, um sich einen Reim auf das mathematische Gedicht der Maxwell-Formeln machen zu können.

Zweite Vorbemerkung: Maxwell und das Licht – das ist in Wahrheit ein Nebenprodukt. Maxwell beschäftigte sich eigentlich gar nicht mit dem Licht, als er seine Theorie des Elektromagnetismus entwarf. Die Maxwellschen Gleichungen sind ein klassisches Beispiel dafür, dass die großen Würfe in der Physik oft noch ganz andere Geheimnisse klären als jene, die man ursprünglich im Auge hatte. Dass die Maxwell-Formeln neben den elektrischen und magnetischen Phänomenen auch noch das Licht erklären, ist quasi ein glücklicher Zufall. Und nebenher ein Beweis dafür, dass in der Welt alles mit allem irgendwie zusammenhängt.

Maxwell beschäftigte sich eigentlich mit zwei Dingen: mit Elektrizität und mit Magnetismus. Auf den ersten Blick – und nach dem Stand der Wissenschaft vor Maxwell – sind das zwei verschiedene Phänomene. Elektrischer Strom hat mit Spannungen und Ladungen zu tun, er fließt durch Kabel und kann mittels einer Glühbirne – sic – Licht erzeugen. Allerdings produziert jedes beliebige Holzfeuer auch Licht, also sagt das vorerst nicht viel.

Magnetismus wiederum ist auf den ersten Blick eine etwas geheimnisvolle Anziehungs- oder auch Abstoßungskraft. Ungleichnamige Pole ziehen einander an, gleichnamige stoßen einander ab, sagt schon der Volksmund in einer seiner zahllosen Weisheiten. Im Fall der magnetischen Kräfte heißen die beiden Pole traditionell Nord- und Südpol, was damit zu tun hat, dass die Erde selbst über ein allgegenwärtiges Magnetfeld verfügt. Das ist für uns recht wichtig, da es viele harte, energiereiche Partikel der gefährlichen kosmischen Strahlung ablenkt und sie daran hindert, die Erdoberfläche zu erreichen. Allerdings, davon wusste man 1864 noch nichts. Im Übrigen kann man beispielsweise mit Hilfe eines Magneten eine Nadel aus einem Heuhaufen fischen: Die Nadel bleibt am Magneten hängen, das Heu hingegen nicht. Eine Nadel in einem Heuhaufen zu finden, ist also gar nicht so schwierig, wenn man ein wenig Physik beherrscht.

Dass diese magnetischen Phänomene von Anziehung und Abstoßung hingegen etwas mit den elektrischen Erscheinungen, mit Spannungen, Strömen und Glühlampen zu tun hätten, ist auf den ersten Blick nicht ersichtlich. Allerdings hatte schon Michael Farady (1791–1867) entdeckt und beschrieben, dass doch eine offenbar enge Beziehung zwischen Elektrizität und Magnetismus bestehen muss: Elektrische Ströme können nämlich Magnetfelder erzeugen und umgekehrt Magnetfelder elektrische Ströme. Auf diesem Prinzip beruhen heute etwa Elektromotoren, Stromgeneratoren in Kraftwerken oder Transformatoren. Sollten Sie in Ihrem Heim einen elektrischen Wasserkocher besitzen, bei dem der Wasserbehälter nicht direkt an der Steckdose angeschlossen ist, sondern scheinbar verbindungslos auf einem Aufsatz ruht (der dann seinerseits natürlich schon am Stromnetz hängt), dann basiert dieser Wasserkocher auf derselben Wirkung. Man nennt das *induktive Kopplung*: Der Strom erzeugt ein Magnetfeld, das Magnetfeld wiederum elektrischen Strom. Das geschieht in dem Aufsatz am Kocher. Erst die zweite, die sekundär erzeugte Elektrizität erhitzt dann das Wasser. So können Stromversorgung und Wasserbehälter elektrisch getrennt werden, was ein zusätzliches Sicherheitsmoment darstellt und außerdem ganz bequem ist.

Doch das ist schon wieder ein Vorgriff. Zurück in die 1850er Jahre. Experimentalphysiker hatten also entdeckt, dass rund um ein Kabel, in dem elektrischer Strom fließt, ein Magnetfeld entsteht. Dieses ist kreisförmig, die Feldlinien bilden Kreise um den Draht herum. Mit einer einfachen magnetischen Nadel, etwa der aus einem Kompass, kann man das leicht nachweisen: Sie richtet sich entlang der Kreise rund um den Draht aus.

Allgemeiner stellte sich heraus: Jede Bewegung eines elektrisch geladenen Objekts oder Teilchens erzeugt das Magnetfeld, das sich kreisförmig rund um die Bahn des Objekts bildet. Bedeutet: Der Strom muss nicht unbedingt in einem Kabel fließen. Heute weiß man, elektrischer Strom ist nichts anderes als die Bewegung von Elektronen im Kabel. Und das Fließen dieser elektrisch geladenen Teilchen produziert das magnetische Feld. Das Gleiche funktioniert aber genauso beispielsweise mit einer elektrisch geladenen Metallkugel, die durch die Luft fliegt: Entlang ihrer Flugbahn bildet sich das kreisförmige magnetische Feld, das mithin einer Art magnetischer Röhre gleicht.

Spannend ist, dass etwas Analoges auch umgekehrt passiert. Hat man einen Magneten, etwa einen der beliebten Hufeisenmagneten, und bewegt in dessen Magnetfeld einen elektrischen Leiter, also einen schlichten Draht, dann wird im Draht elektrische Spannung erzeugt – *induziert*, wie Physiker es nennen. Dabei kommt es auch auf die Richtung an, in der das Magnetfeld wirkt beziehungsweise der Draht bewegt wird, aber das tut vorerst nichts zur Sache, damit werden wir uns später beschäftigen.

Das alles war schon vor Maxwell bekannt. Wie die genaueren Forschungen ergeben hatten, ist der Zusammenhang allgemein so zu formulieren: Jede Änderung eines magnetischen Feldes induziert eine elektrische Spannung im Draht, der sich im Feld befindet. Man muss daher nicht unbedingt den Leiter im Magnetfeld bewegen, das ist nur die eine Möglichkeit. Man kann auch umgekehrt den Magneten und damit das Feld bewegen. Oder man könnte das Magnetfeld stärker und schwächer werden lassen – jede Änderung des Magnetfeldes induziert die elektrische Spannung, die im Draht zu messen ist. Spannend ist das deshalb, weil die Elektrizität dann wieder ein Magnetfeld induzieren kann. Und das Magnetfeld wiederum elektrische Spannungen – siehe Wasserkocher. Und so weiter. Im Prinzip kann das endlos so dahingehen.

Sich verändernde elektrische und magnetische Felder erzeugen einander also wechselweise: Die Bewegung elektrischer Ladungsteilchen erzeugt ein Magnetfeld, die Änderung des Magnetfelds induziert elektrische Spannung beziehungsweise Strom. Diese Verschränkung erwies sich sofort als ausgesprochen nützlich: Faraday konstruierte mit diesem Wissen den ersten Dynamo der Welt. Dieser bestand aus einem Magneten, in dem eine elektrische Spule aus Kupferdraht rotiert, angetrieben von einer simplen Handkurbel. An den beiden Enden des aufgespulten Drahtes kann man den Strom abzapfen. Exakt das Gleiche passiert noch heute beim Fahrrad-Dynamo. Letztlich wird dabei einfach Bewegungsenergie auf dem Umweg über die elektromagnetische Verkoppelung in elektrische Energie umgewandelt. Und alle, auch die mächtigsten Stromgeneratoren in heutigen Großkraftwerken sind grundsätzlich nur riesenhaft vergrößerte Dynamos.

Ein Elektromotor wiederum ist schlicht ein umgekehrter Dynamo, hier passiert das Ganze in umgekehrter Richtung: Der Strom fließt durch die Spule, die sich innerhalb eines Magnetfeldes befindet. Das wiederum lässt, je nach Bauweise, entweder die Spule oder aber das Magnetfeld selbst rotieren, und mit dem Feld den Magneten, der es erzeugt. Der rotierende Teil treibt dann ein Fahrzeug an, eine Lokomotive, eine Pumpe, was immer.

Natürlich ist die Sache wieder einmal komplizierter: Bei der wechselweisen Produktion elektrischer und magnetischer Felder kommt es, wie schon erwähnt, auf die Raumrichtungen an, in denen diese Dinge passieren. Elektrische und magnetische Felder sind einander an sich ja höchst unähnlich: Das magnetische Feld ist in etwa kreisförmig, *zirkumpolar*, wie Mathematiker sagen. Die magnetischen Feldlinien bilden Kreise, eventuell Ellipsen, möglicherweise auch kompliziertere, aber immer *geschlossene* Kurven: Die Feldlinie findet am Ende immer zu sich selbst zurück.

Deshalb gibt es auch keinen singulären magnetischen Pol, keinen Monopol, wie er heißen würde: Zersägt man einen Stabmagneten, an dessen Enden der Südpol und – am anderen Ende – der Nordpol sitzen, dann erhält man nicht etwa einen isolierten Süd- und einen vereinzelten Nordpol, sondern wiederum zwei kürzere, aber vollständige Stabmagnete, jeder mit Nord- und Südpol. Ein einzelner magnetischer Pol existiert in der Natur nicht, soweit wir wissen. Der Grund dafür ist klar: Im Stabmagneten fließen die Feldlinien in die eine Richtung, sagen wir vom Nord- zum Südpol, im umgebenden Raum dann in der Gegenrichtung, vom Süd- zum Nordpol zurück. Warum? Weil die Feldlinien insgesamt eben geschlossen sein müssen, das Feld zirkumpolar ist.

Der zersägte Stabmagnet ist dann naturgemäß schwächer, weist aber wieder die beiden Pole auf – die in Wahrheit nur den Ort darstellen, an dem die Feldlinien aus dem Stab erst aus- und dann erneut in ihn eintreten. Das zirkumpolare Feld selbst setzt sich schlicht und einfach im Raum fort.

Das elektrische Feld ist hingegen von ganz anderer Art. Hier existieren sehr wohl einzeln isolierte Ladungsträger, seien sie positiv oder negativ. Das Feld, die Feldlinien gehen von diesen aus und verlaufen einfach in den Raum, immer weiter vom Pol fort, ohne Endpunkt. Sie sind *radialpolar*, wie Physiker sagen, sie folgen einem gedachten Radius. Man kann es auch so sehen: Die elektrischen Feldlinien strahlen vom Pol aus, bilden einen Strahlenkranz vom Mittelpunkt weg, wie die Speichen eines Rades. Exakt so richtet sich die Geometrie des Feldes selbst aus, die von den Feldlinien ja nur illustriert wird.

Schon an diesen Unterschieden kann man sehen, dass Maxwells Formeln, die die Verschränkung und wechselseitige Erzeugung der elektrischen und magnetischen Felder beschreiben, ganz einfach nicht sein können. Richtungen und Winkel, in denen die Feldänderungen erfolgen, zirkumpolares magnetisches Feld und sein strahlenförmiges elektrisches Gegenstück – all das muss irgendwie auf einen Nenner gebracht werden. Dafür sind recht komplexe mathematische und geometrische Modelle nötig.

Doch im Prinzip ist das – vorerst – der Kern von Maxwells Formeln. Sie beschreiben und beziffern die Art des Zusammenwirkens der elektrischen und magnetischen Felder und ihre Untrennbarkeit: Maxwell führte die scheinbar isolierten Erscheinungen Elektrizität und Magnetismus zum gemeinsamen elektromagnetischen Phänomen zusammen – wie es die Natur ja schon vorgesehen hat, freilich in einer etwas komplizierten Weise. Er beschrieb diese Dinge in einer – für Mathematiker und Physiker – höchst eleganten und prägnanten Form: eine Leistung, die ihn und seine Formeln berühmt machte.

Aber was hat das alles nun mit dem Licht zu tun – jenem uns allen sehr vertrauten Phänomen, das aber weder mit elektrischen Ladungen noch mit Magneten irgendetwas am Hut zu haben scheint?

Maxwell erkannte an seinen Formeln bald, dass für die Verschränkung und wechselweise Erzeugung der elektrischen und magnetischen Felder solche materiellen Dinge wie Magneten, Drähte, elektrische Leiter und dergleichen mehr gar nicht nötig waren. All das, so legten es jedenfalls die Formeln nahe, konnte sich genauso gut im freien Raum abspielen, ohne alles materielle Beiwerk. Nicht, dass der Schotte dafür konkrete Beispiele bei der

Hand gehabt hätte, aber die Formeln schienen es möglich zu machen.

Kleine Anmerkung: Wenn hier geschrieben steht: „im freien Raum", dann ist das schon wieder ein Vorgriff. Heute wissen wir: Es passiert im Raum. Aus Maxwells Sicht müsste es heißen: im *Äther*. In einer rätselhaften Substanz, die alles ausfüllt, die überall einfach da ist, aber sich irgendwie nicht bemerkbar macht, außer eben beim Elektromagnetismus. Der Äther, so die damalige Vorstellung, würde das Wechselspiel zwischen Magnetismus und Elektrizität irgendwie vermitteln, also etwa die elektrischen Spannungen im Kabel induzieren und dergleichen mehr.

Maxwells Gleichungen legten jedenfalls nahe, die Verschränkung, die Schwingung zwischen elektrischen und magnetischen Feldern konnte einfach so, im Äther passieren. Deshalb postulierte Maxwell erst einmal, dass elektromagnetische Schwingungen existieren könnten, die sich frei im Raum ausbreiten. Worin sie bestehen sollten, wusste er vorderhand nicht. Aber er kannte eine oftmalige Erfahrung der Physiker seit der Erfindung dieser Wissenschaft durch Galilei und Newton: Wenn Formeln sagen, dass es etwas geben *könnte*, dann stehen die Chancen gut, dass es das *tatsächlich gibt*, selbst wenn man vorläufig keine blasse Ahnung davon hat. Diese Erfahrung trifft nicht immer zu, aber doch häufig.

Der Schotte machte sich also auf die Suche. Fürs Erste beschloss er auszurechnen, wie schnell die – hypothetischen – sich frei im Raum fortpflanzenden Schwingungen aus elektrischer und magnetischer Energie wohl sein müssten, welche Geschwindigkeit diese Wellen bei ihrer Fortbewegung entwickeln sollten. Das kann man aus den Maxwellschen Formeln tatsächlich berechnen. Volltreffer: Das Tempo, das sich errechnete, betrug 300.000 Kilometer pro Sekunde oder eine Milliarde Stundenkilometer – Lichtgeschwindigkeit. Die Wellen aus schwingenden elektrischen und magnetischen Feldern sollten sich ziemlich genau mit der bekannten Lichtgeschwindigkeit durch den Raum – Verzeihung: durch den Äther – bewegen.

Mit Boltzmann könnte man fragen: „War es ein Gott, der diesen Zufall herbeiführte?" Aber es ist natürlich kein Zufall. In seiner Publikation aus dem Jahr 1865 schrieb Maxwell den langen, noch überaus vorsichtigen Satz: „Diese Geschwindigkeit ist so nahe der des Lichts, dass mir scheint, wir haben einigen Grund zu der Vermutung, dass das Licht selbst, ebenso die Wärmestrahlung und andere Strahlungsarten, so es sie gibt, elektromagnetische Schwingungen in der Form von Wellen sind, hervorgerufen durch das elektromagnetische Feld, gemäß und in Übereinstimmung mit den elektromagnetischen Gesetzen."

Maxwell behielt mit seiner Vermutung recht. Licht und die meisten bekannten Strahlungsarten sind elektromagnetische Schwingungen, die sich als Wellen ausbreiten. Diese Schwingungen unterscheiden sich bloß in ihrer Frequenz: Das sichtbare Licht, das uns tatsächlich leuchtet, bildet nur einen kleinen Ausschnitt aus einem viel größeren Frequenzspektrum, das im Prinzip von Frequenz null bis zur Frequenz unendlich reicht. Und so wurden Maxwells Formeln, die eigentlich den Elektromagnetismus beschreiben wollten, zu den Formeln des Lichts. Aber nicht nur das. Es gab auch für die Physik fundamentale Auswirkungen.

Erstens: Fast zeitgleich mit Maxwells Ergebnissen führten Albert A. Michelson und Edward Morley ihren berühmten „Weltäther-Drift-Versuch" durch. Sie kamen zu einem höchst erstaunlichen Ergebnis: Die Lichtgeschwindigkeit ist immer und überall gleich. Sie ändert sich niemals und bleibt insbesondere von jeglicher Bewegung der Lichtquelle, des Beobachters oder des benutzten Messgeräts unbeeinflusst. Die Lichtgeschwindigkeit hält sich nicht an die Mechanik Isaac Newtons. Das war höchst verblüffend.

Indes hätte Maxwell, hätte er genau hingesehen, auch das – die absolute Konstanz der Lichtgeschwindigkeit – schon aus seinen elektromagnetischen Formeln ableiten können. Es ist intrinsisch, verborgen darin enthalten. Aber man kann von einem Forscher schließlich nicht alles auf einmal verlangen, das wäre ja auch langweilig. Und ist jedenfalls ein anderes Kapitel.

Zweitens: In einem Punkt behielt Maxwell unrecht. Seine elektromagnetischen Schwingungen pflanzen sich in keinem „Äther" fort. Sie benötigen dergleichen nicht. Ihnen genügt in der Tat der leere Raum, der ist sogar bestens geeignet. Lichtwellen brauchen kein „Medium", in dem sie stattfinden. Licht ist *nicht ganz* eine Welle wie Wasser- oder Schallwellen, die zwingend auf ihr Medium angewiesen sind, Wasser im einen, Luft im anderen Fall. Beim Licht und dem Rest des elektromagnetischen Spektrums schwingt Energie zwischen ihrer magnetischen und ihrer elektrischen Form hin und her. Nur darin besteht die Schwingung: Licht ist reine, schwingende Energie. Aber damit sind wir schon im Jahr 1905, bei Albert Einstein in Bern, und damit auch in einem anderen Kapitel.

Drittens, wenn wir schon bei Einstein im Jahr 1905 sind: Die Dinge erwiesen sich einmal mehr als noch komplizierter, und daran sind die berüchtigten Quanten schuld. Licht ist wesentlich mehr und mitunter sogar etwas ganz anderes als schwingende elektromagnetische Energie. Das Stichwort lautet: „Welle-Teilchen-Dualismus". Aber das sind erst recht ein paar andere Kapitel.

James Clerk Maxwell starb 1879 im Alter von erst 48 Jahren in Cambridge an Magenkrebs.

Michelson –
Licht ist immer gleich schnell

c = konst. – Die Lichtgeschwindigkeit ist konstant.

Eine Formel, wie sie einfacher kaum sein könnte. Überdies weiß heute doch jedes Kind: Die Lichtgeschwindigkeit ist im Vakuum und unter allen Umständen gleich. 300.000 Kilometer pro Sekunde ist das Licht schnell. Anders ausgedrückt: eine Milliarde Stundenkilometer. Das genügt, um den Planeten Erde in einer Sekunde knapp acht Mal zu umrunden. Nur wenig länger, etwa 1,3 Sekunden, benötigt das Licht von der Erde zum Mond. Für die 150 Millionen Kilometer von der Sonne zur Erde braucht ein Lichtstrahl schon gute acht Minuten. Astronomen bezeichnen diese Entfernung als eine „Astronomische Einheit" (1 AE).

Noch ein paar Zahlen: Zur nächsten Sonne von *unserer* Sonne aus gesehen, zum Stern Alpha Centauri, ist das Licht ungefähr vier Jahre unterwegs, exakt gleich lang natürlich in der Gegenrichtung. Das bedeutet: Wenn man heute von der Erde aus Alpha Centauri beobachtet, was auch mit freiem Auge leicht möglich ist, sieht man nicht, was dort gerade eben passiert, sondern das, was sich dort vor vier Jahren abgespielt hat. Daraus leiten sich zwei wichtige Erkenntnisse ab: Jeder Blick ins Weltall ist immer auch ein Blick in die Vergangenheit. Je weiter ein Himmelsobjekt von der Erde entfernt ist, desto tiefer in die Vergangenheit reicht dieser Blick.

„Milchstraße" heißt die große Galaxie, die neben Alpha Centauri und unserer Sonne noch gute 100 Milliarden weitere Sterne umfasst, wie Astronomen heute recht plausibel abschätzen können – ohne sie Stück für Stück gezählt zu haben, das wäre dann doch sehr anstrengend (mit bloßem Auge sichtbar sind davon etwa 6000). Die Milchstraße misst im Durchmesser etwa 100.000 Lichtjahre. Das heißt, das Licht benötigt 100.000 Jahre vom einen Ende der Galaxis zum anderen – und das trotz der ansehnlichen Lichtgeschwindigkeit von einer Milliarde Kilometer pro Stunde.

Die nächste große Galaxie von der Milchstraße aus gesehen ist Andromeda, auch Andromeda-Nebel oder kurz M 31 genannt. Ihre Entfernung zur Milchstraße beträgt zweieinhalb Millionen Lichtjahre. Anders formuliert, benötigt das Licht 2,5 Millionen Jahre, um von dort zu uns auf die Erde zu gelangen.

Bei der Gelegenheit kann eine häufig anzutreffende Begriffsverwirrung ausgeräumt werden: Eine *Galaxie* ist ein großes Sternensystem, in dem Millionen oder viele Milliarden Sterne um ein gemeinsames Zentrum kreisen. Unter der *Galaxis* verstehen Astronomen hingegen die Milchstraße, also *unsere* Galaxie. Übrigens existieren nach heutigen, gefestigten Schätzungen ungefähr 100 Milliarden Galaxien. Das ist leicht zu merken: 100 Milliarden Galaxien zu jeweils etwa 100 Milliarden Sternen. Außerdem ist der Abstand Milchstraße – Andromeda mit 2,5 Millionen Lichtjahren unterdurchschnittlich gering. Meist sind die Entfernungen zwischen den großen Galaxien erheblich höher. So groß ist das Universum, so klein sind wir …

In all diesen nahen und fernen Sphären ist die Lichtgeschwindigkeit immer und überall und unter allen Umständen gleich. Das bedeutet vorerst natürlich nur: Wenn jemand sie misst, wird er immer den gleichen Wert erhalten. Physik ist seit Galilei ja die Wissenschaft des Messens. Wenn ein Physiker sagt: „Etwas ist *so*", dann bedeutet das: Wenn ich es messe, werde ich eben *das* messen.

Man könnte nun fragen: Was ist daran so sensationell? Warum sollte die Lichtgeschwindigkeit nicht überall gleich, also mit dem exakt gleichen Wert gemessen werden? Eigentlich wäre das ja sogar zu erwarten. Die ganze Tragweite dieses Befundes eröffnet sich indes anhand eines kleinen Beispiels, einem Vergleich zu „herkömmlichen" Verhältnissen:

Sie sitzen in einem Auto, sagen wir in einem schicken Cabrio mit offenem Dach, und fahren mit gemütlichen 100 km/h über die Landstraße. Weil die Sonne scheint, die Lüfte lau sind und ohnehin niemand zusieht, tun Sie vor lauter Übermut ausnahmsweise etwas streng Verbotenes: Sie nehmen den Apfel, den Sie morgens eingepackt haben (Äpfel befruchten die Physik seit Isaac Newton mehr als alles andere), und werfen ihn aus dem offenen Dach in Fahrtrichtung. Mit Ihrer Wurfkraft haben Sie den Apfel auf sagen wir 50 Kilometer pro Stunde beschleunigt. Er fliegt also in Fahrtrichtung davon, mit 50 km/h, von Ihnen aus gesehen.

Doch wie schnell ist der Apfel selbst? Richtig: 150 km/h. 100 km/h fahren ja Sie schon, die 50 km/h des Apfels kommen hinzu: 100 + 50 = 150. *Geschwindigkeiten addieren sich.* Steht jemand mit einer Radarpistole am Straßenrand – hoffentlich kein Polizist –, um die Geschwindigkeit des Apfels zu messen, so wird ihm sein Gerät exakt die berechneten 150 km/h anzeigen.

So weit, so einfach. Aber jetzt kommt's: Sie sitzen wieder in Ihrem Cabrio, das aber plötzlich enorm an Fahrtgeschwindigkeit zugelegt hat. Es ist jetzt mit der halben Lichtgeschwindigkeit unterwegs, mit einer halben Milliarde Stundenkilometer. In der Realität ist das natürlich weder möglich noch empfehlenswert, aber das soll uns nicht weiter stören, schließlich handelt es sich um ein Gedankenexperiment. Und so, wie Sie vorhin den Apfel geworfen haben, knipsen wir nun mit einer kleinen Fotokamera aus dem offenen Dach heraus, nach vorne, in Fahrtrichtung. Knips. Es blitzt.

Wie schnell ist der Blitz? – Leicht berechnet, sollte man meinen: eineinhalb mal Lichtgeschwindigkeit. Mit halber Lichtgeschwindigkeit fahren ja Sie schon. Die Lichtgeschwindigkeit des

Blitzes hinzu, ergibt: 0,5 + 1 = 1,5. *Geschwindigkeiten addieren sich.*

Und steht jemand am Straßenrand, um die Geschwindigkeit des Blitzes aus Ihrer Fotokamera zu messen, wird ihm sein Gerät wohl die 1,5 Lichtgeschwindigkeiten anzeigen.

Doch dem ist nicht so. Der Beobachter am Straßenrand wird die Geschwindigkeit des Lichtblitzes mit exakt Lichtgeschwindigkeit messen, mit c = 1 Milliarde Stundenkilometer. Nicht mehr und nicht weniger. Das Tempo, mit dem Sie in Ihrem Cabrio dahinbrausen, ist dabei gänzlich irrelevant. *Die Geschwindigkeiten addieren sich NICHT.*

> Das ist die Bedeutung von c = konst.: Die Lichtgeschwindigkeit ist immer und überall und unter allen Umständen gleich.

Untersuchen wir die Sache noch einmal umgekehrt: Sie – im Cabrio – haben mit dem Kollegen am Straßenrand die Geräte getauscht. Nun hält er die Kamera, sie hingegen bedienen das Messgerät, das die Geschwindigkeit des Blitzes misst. Im Moment, in dem sie ihn passieren, schießt er sein Foto in Ihre Fahrtrichtung. Der Blitz fliegt mit Lichtgeschwindigkeit c davon. Doch Sie fahren dem Blitz ja mit halber Lichtgeschwindigkeit hinterher. Also wird er sich von Ihnen, aus Ihrer Sicht nur mit halber Lichtgeschwindigkeit entfernen, der Differenzgeschwindigkeit. Und Ihr Messgerät sollte das anzeigen: $c - \frac{c}{2} = \frac{c}{2}$ – so wie ein Apfel minus einem halben Apfel eben einen halben Apfel ergibt.

Aber es ist wieder falsch. Ihr Gerät wird die Geschwindigkeit des Blitzes mit exakt c = 1 Milliarde Stundenkilometer messen, obwohl Sie ihm hinterherfahren. Es nützt auch nichts, wenn Sie Gas geben und Ihr Fahrzeug auf sagen wir 90 Prozent Lichtgeschwindigkeit beschleunigen: Der Blitz wird sich noch immer mit einmal Lichtgeschwindigkeit, also mit 1 Milliarde Kilometer pro Stunde von Ihnen weg bewegen. Sie können daran nichts ändern, wie schnell immer Sie sind.

Das Gleiche gilt umgekehrt: Nehmen wir nun an, Sie fahren – mit Ihrem üblichen Tempo $\frac{c}{2}$ – auf Ihren Kollegen am Straßenrand zu. Während Sie näherkommen, blitzt er Ihnen entgegen. Wie schnell kommt der Blitz, aus Ihrer Sicht, auf Sie zu? Nein, es ist nicht 1,5 mal c. Es ist wiederum c, exakt ein mal c, und nicht ein Tausendstel Promille mehr. Wie immer Sie fahren, ob Sie dem Licht entgegen- oder davonfahren und wie schnell immer Sie es tun: Sie werden die Geschwindigkeit des Lichts mit c = 1 Milliarde Kilometer pro Stunde messen.

Noch ein Beispiel: Treffen sich zwei Lichtblitze im Universum, die jeder mit Lichtgeschwindigkeit frontal aufeinander zu rasen. Wie schnell kommen sie einander entgegen? Mit welcher Kollisionsgeschwindigkeit prallen sie aufeinander? – Es ist wieder mit Lichtgeschwindigkeit. Für das Licht gilt nicht 1 + 1 = 2, sondern: 1 + 1 = 1.

Darin liegt das Verrückte wie auch das Epochale der Formel *c = konstant*: Das vermeintliche Gesetz, dass Geschwindigkeiten sich einfach addieren, stimmt nicht, zumindest für das Licht nicht. Und das hat natürlich Konsequenzen für alle anderen Geschwindigkeiten: Wenn es beim Licht nicht stimmt, dann kann es, so schlossen die Physiker bald, auch sonst nicht so einfach gelten.

Es war Albert Einstein, der sich im noch unbedarften Alter von 16 Jahren Fragen wie diese stellte: Was passiert, wie sehe ich die Welt, wenn ich auf einem Lichtstrahl reite? Wie schnell kommt mir ein anderer Lichtreiter entgegen? Wie gesagt, es ist konstant c, obwohl beide mit jeweils c aufeinander zu reiten. Doch wie sieht die Welt dann aus, welche Auswirkungen hat das auf meine Wahrnehmung meiner Umgebung?

Später, als Einstein wie jeder männliche Erwachsene offenbar schon tagtäglich mit dem unvermeidlichen Bartwuchs zu kämpfen hatte, stellt er sich die gleiche Frage so: Ich fliege in einem Raumschiff mit Lichtgeschwindigkeit und möchte mich rasieren. Vor mir ein Spiegel. Doch wie kann das Licht von meiner Kinnspitze den Spiegel überhaupt erreichen, wenn der Spiegel ihm doch – mit meinem Raumschiff – mit Lichtgeschwindigkeit davoneilt? Solche Grübeleien legen den Gedanken an die Konstanz der Lichtgeschwindigkeit offenbar nahe: Nur mit dieser Konstanz kann ich in meinem Raumschiff tatsächlich im Spiegel mein Spiegelbild sehen.

Allerdings ist hier ein weitverbreitetes Missverständnis auszuräumen: Heute wird oft gesagt, die Lichtgeschwindigkeit sei konstant, weil Einsteins Relativitätstheorie das eben so besage. Das ist falsch. Physik ist die Wissenschaft des Sehens, des Beobachtens, des Messens, so wie schon Galilei es gefordert hatte: „Messen, was messbar ist, messbar machen, was noch nicht messbar ist." Daran hat sich bis heute nichts geändert. In der Physik steht immer die Messung, die ja nur eine etwas komplexere Form des Sehens ist, an erster Stelle. Eine Theorie ist ganz und gar irrelevant, wenn man die Dinge nicht messen kann oder wenn die Messungen nicht mit den Prognosen der Theorie übereinstimmen.

So verhält es sich auch in diesem Fall: Die Konstanz der Lichtgeschwindigkeit ist eine gemessene Tatsache. Einstein konstruierte seine Relativitätstheorie später so, dass sie diese Tatsache korrekt wiedergibt, dass sie folglich Verhältnisse und Beziehungen beschreibt, in Formeln ausgedrückt, innerhalb derer sich c als konstant erweist.

Das lässt sich auch historisch leicht nachvollziehen: Einstein veröffentlichte seine Theorie im Jahre 1905. Die Messung der Konstanz der Lichtgeschwindigkeit fand indes 1881 statt, und weil das Ergebnis allen Physikern so unglaublich erschien, nochmals, mit weiteren Vorkehrungen, um allfällige Störungen auszuschließen, 1887. Albert Abraham Michelson (1852–1931) und Edward Williams Morley (1838–1923) hießen die beiden Forscher, die das „Weltäther-Drift-Experiment", wie sie es nannten, durchführten. Ihnen zu Ehren heißt es heute natürlich „Michelson-Morley-Experiment". Wie die beiden Experimentatoren auf jene seltsame Bezeichnung kamen, wird gleich klar werden. Sicher ist: Das Michelson-Morley-Experiment war ein wahrer Triumph des „messbar machen, was noch nicht messbar ist" – wie Galilei es erfunden hatte. Und es ist wohl der berühmteste Messversuch in der Geschichte der Physik.

Vorab noch etwas zum Wort Mess*versuch*: Es ist deshalb angebracht, weil etwas gemessen werden sollte, was gar nicht messbar war. Die Messung ergab – nichts.

Kurioserweise ist das Michelson-Morley-Experiment ein grandios fehlgeschlagenes Experiment. Es hat nicht funktioniert, verfehlte seinen ursprünglichen Zweck vollkommen. Und eben darin lag der Clou. Gerade in seinem Misslingen hat das Experiment die Physik vollständig und radikal verändert. Das Michelson-Morley-Experiment steht als Scheidewand zwischen dem klassischen physikalischen Weltbild – dem Galileis, Newtons, Maxwells und wie sie alle heißen – und der modernen, relativistischen Sicht der Dinge – der Einsteins.

„Weltäther-Drift-Experiment" also. Was habe ich mir darunter vorzustellen, werden Sie sich jetzt fragen. Dazu muss man ein wenig ausholen. 1881, als die Sache stattfand, war man der Meinung, Licht sei eine Welle, ein Wellenphänomen. Wie wir heute wissen, stimmt das schon wieder nicht ganz. Die Dinge sind komplizierter. Und wieder ist es der schier omnipräsente Albert Einstein, der bei der Revision dieser Ansicht die herausragende Rolle spielt.

Andererseits: In eingeschränkter Weise stimmt es doch. Immer noch gilt, dass unter gegebenen Umständen und Voraussetzungen Licht als Welle anzusehen ist. Und für die Zwecke des Weltäther-Drift-Experiments sind diese Voraussetzungen auch erfüllt. Die neueren Erkenntnisse über das Wesen des Lichts ändern daran nichts.

Erst recht hielt man 1881 Licht für ein Wellenphänomen. Der Niederländer Christiaan Huygens (1629–1695) hatte schon im 17. Jahrhundert dazu zahlreiche handfeste Beobachtungsdaten geliefert. So etwa die, dass Licht *gebeugt* oder *gestreut* wird. Huygens hatte Linsen geschliffen und damit Fernrohre und Mikroskope gebaut, die nur funktionieren konnten, wenn das Licht eine Welle ist. Jedes dieser optischen Geräte ist bis heute der klare Beweis: Licht ist eine Welle.

Spätestens als James Clerk Maxwell seine Theorie des Elektromagnetismus vorstellte, war alles klar. Das Maxwellsche Formelgebäude zeigte deutlich, wie die Welle Licht funktionierte. Daraus war auch zu entnehmen, dass es bei Licht nicht bloß um das sichtbare Licht allein geht. Es ist nur ein Ausschnitt aus einem großen Spektrum elektromagnetischer Phänomene. In diesem Sinn sind neben dem normalen, dem infraroten und dem ultravioletten Licht auch Wärmestrahlung, Röntgenstrahlen, Mikrowellen in der Küche ebenso Licht wie Strahlung, die Radio- oder Fernsehsender oder Mobiltelefone senden – alle diese Strahlung ist letztlich Licht. Oder umgekehrt: Sichtbares Licht ist nur ein kleiner Ausschnitt aus dem viel größeren Spektrum der elektromagnetischen Strahlung, die insgesamt ein Wellenphänomen darstellt.

Ein weiteres Kuriosum der Wissenschaftsgeschichte muss hier vermerkt werden: Schon James Maxwell hätte beim genaueren Studium seiner Formeln bemerken können, dass darin eine Lichtgeschwindigkeit oder eine Geschwindigkeit der Ausbreitung elektromagnetischer Wellen vorkommt und diese unabänderlich konstant ist. Doch weder Maxwell selbst noch sonst jemandem war dies aufgefallen.

Wenn Licht aber nun eine Welle darstellt, dann braucht es ein Medium, einen Stoff, in dem die Welle stattfindet. Darin besteht ja das Wesen einer Welle: Es existiert eine Substanz, in der Schwingungen, die sich fortbewegen, eben die Welle sind. Ohne Frage kann eine Wasserwelle nicht ohne Wasser existieren, ebenso wenig eine Schallwelle ohne Luft. Eine Welle besteht definitionsgemäß darin, dass da etwas ist, in dem sie stattfindet – ein Medium, das schwingt. So auch beim Licht. Wenn das Licht eine Welle ist, muss da etwas sein, das schwingt. Vorsorglich gaben die Physiker diesem Medium, ohne noch irgendetwas darüber zu wissen, schon einmal einen Namen: *Äther*.

Dann machten sie sich auf die Suche nach diesem Medium. Irgendwie, irgendwo sollte er sich ja auch nachweisen lassen außer dadurch, dass eben das Licht, allgemein die elektromagnetische Welle, eine Ätherwelle ist. Heute hört man noch manchmal den Ausdruck „Ätherwellen" für Radio- oder Fernsehsignale. Das stammt geradewegs aus dieser Vorstellung. In den Ätherwellen hat sie sich bis heute erhalten.

Es stellte sich bald heraus, dass der Äther überaus sonderbare, ungewöhnliche Eigenschaften haben musste für das, was man sonst von Stoffen und Materialien gewohnt ist. So musste der Äther offenbar allgegenwärtig sein, alles durchdringen, namentlich natürlich das Vakuum des Weltalls, aber auch etwa Glas, Wasser oder andere durchsichtige Substanzen, und zwar ohne mit diesen Stoffen selbst irgendwie zu interagieren.

Der Äther musste sodann für sich vollständig durchsichtig sein. Er verursacht weiters keinerlei Reibung oder Ätherwiderstand, der etwa dem Luftwiderstand entsprechen würde. Normale materielle Objekte bewegen sich durch ihn hindurch, als wäre er gar nicht da.

Ein weiteres Problem bildete die Dämpfung beziehungsweise die Tatsache, dass Licht – im Äther – eben nicht gedämpft wird. Es verebbt nicht, so wie es seine Verwandten in Luft und Wasser, die Schall- und Wasserwellen, tun. An jedem Teich, in den man einen Stein wirft, kann man sehen: Die erzeugten Wellen werden nach und nach schwächer, schließlich verschwinden sie ganz. Beim Licht ist das nicht der Fall. Natürlich – auch Licht wird mit der Entfernung schwächer. Aber das darf man nicht verwechseln. Es beruht nur auf dem größeren Raum, den es ausfüllt. Man kann Lichtquellen, wenn sie nur stark genug sind, auch in jeder beliebigen Entfernung noch beobachten: einen Stern etwa, der Hunderte Lichtjahre weit entfernt ist, oder sogar eine Galaxie, die Millionen und Milliarden Lichtjahre weit entfernt sein kann. Eine Abschwächung wie bei einer Wasserwelle oder bei einer schwingenden Saite findet nicht statt.

Und das erschien doch sehr eigenartig. Die Dämpfung von Schwingungen beruht auf der inneren Reibung ihres Mediums und ist nach all unserer Erfahrung immer vorhanden. Sie kann auch durchaus unterschiedlich sein. Bei Wasser fällt sie geringer aus als etwa bei Öl. Deshalb verebbt eine Welle in einem Ölsee schneller als die gleiche Welle im Wasser. Beim Äther, diesem seltsamen Stoff, musste die innere Reibung, so wie schon die äußere, offenbar gleich null sein. Und das erschien doch unerhört. Es widersprach aller wissenschaftlichen Erfahrung, die man mit Materie je gemacht hatte.

Doch es kamen weitere seltsame Eigenheiten hinzu. Der Äther, so erkannten die Physiker, musste vollkommen hart sein, dabei aber auch völlig elastisch. Das größte Problem mit dem Äther war freilich, dass wir so gar nichts davon bemerken. Ein Stoff, der offenbar alles erfüllt, der überall präsent ist, aber nie auch nur im Geringsten auffällt.

Damit kommen wir nun zum „Weltäther-Drift-Versuch" von Albert Michelson und Edward Morley. Dieses Experiment sollte endlich zumindest die Existenz des Äthers beweisen und feststellen, wie die Erde sich in dem das ganze Universum offenbar ausfüllenden Medium Äther bewegt. Die Idee ist im Prinzip identisch mit jener unseres unerhört rasch dahinbrausenden Cabrios und des Lichtblitzes aus der Fotokamera: Wenn der Äther das Universum gleichmäßig ausfüllt, wie eben anzunehmen war, dann bewegte sich die Erde auf ihrer Bahn um die Sonne durch ihn hindurch. Der Äther musste dabei so etwas wie einen Äther-Gegenwind erzeugen, auch wenn man mangels Reibung nichts davon bemerkt. Genau so wie ein Radfahrer auf seinem Velo einen scheinbaren Gegenwind verspürt, sobald er sich in Fahrt setzt. Leider, muss man sagen, denn diesen scheinbaren Gegenwind, Resultat des Luftwiderstands beziehungsweise der Reibung der Luft gegenüber dem strampelnden Radfahrer, muss dieser durch anstrengendes Treten überwinden.

Vom Äther-Gegenwind merkt man auf der Erde nichts, da der Äther eben reibungslos ist. Aber das Licht, das sich als Welle im Äther fortbewegt, muss ihn sehr wohl bemerken. So dachten Michelson und Morley und die gesamte Welt der Physik im Jahre 1881.

Die Geschwindigkeit der Erde rund um die Sonne ist immer noch gering gegenüber der Lichtgeschwindigkeit: rund 100.000 km/h. Das ist viel im Vergleich zu irdischen Geschwindigkeiten, die ja selten 1000 km/h überschreiten, aber noch immer wenig im Vergleich zu der einen Milliarde km/h des Lichts. Dennoch musste sich diese Bewegung der Erde im Äther auf die Ausbreitung des Lichts auswirken, und das Ausmaß lag damals im Bereich des Messbaren. Michelson und Morley planten also, Licht auf zwei gleich langen, aber verschiedenen Wegen durch den Äther zu schicken: einmal *mit* der Erdbewegung um die Sonne, also in deren Richtung, und einmal quer dazu. Das Licht musste auf dem Weg mit der Erdbewegung schneller am Endpunkt ankommen, also auf dem anderen Weg quer zur Erdrichtung. Es sollte ja die Bewegung der Erde mitnehmen – so wie im Gedankenexperiment des Cabrios der Lichtblitz die Geschwindigkeit des Cabrios mitnehmen sollte.

Soweit die Idee. Tatsächlich war die Sache um einiges komplizierter. Die Geschwindigkeit des Lichts einfach mit einer Stoppuhr zu messen, war damals wie auch heute nicht möglich. Immerhin legt Licht die oft zitierte Strecke Wien – Paris 250 Mal ... nein, nicht pro Stunde, sondern *pro Sekunde* zurück!

Doch Laufzeitunterschiede kann man beim Licht auch anders entdecken: durch *Interferenzen* nämlich. Licht ist eben eine Welle. Wenn sich zwei Wellen überlagern, dann bilden die miteinander interferierenden Wellenberge und Wellentäler spezifische Muster. Die kann man auch wieder einmal am Teich beobachten: Man wirft zwei Steine in einiger Entfernung voneinander ins Wasser. Erst werden sich die beiden Wellen von den Einschlagstellen der Steine aus kreisförmig ausbreiten. Doch wo die beiden Wellen quasi zusammenstoßen, miteinander kollidieren, beginnen sie sich wechselseitig zu überlagern. Ein scheinbar recht geordnetes Muster aus Wellenbergen und -tälern entsteht im Wasser, das Interferenzmuster.

So konnten Michelson und Morley einen Trick anwenden: Sie nutzten für ihre verschiedenen Wege des Lichts durch den Äther – einmal mit, einmal quer zur Bewegung der Erde – ein und denselben Lichtstrahl, den sie aufspalteten, sodass ein Halbstrahl mit der Erdbewegung, der andere quer zur Erdbewegung eine definierte, ausgemessene und in beiden Fällen gleich lange Strecke flog. An den Endpunkten saß nun nicht jemand mit einer Stoppuhr, sondern ein Spiegel, der die Strahlen reflektierte.

Am ursprünglichen Ausgangspunkt, dem Teilungspunkt, kamen die Strahlen wieder zusammen. Doch einer hatte nun etwas länger benötigt – winzigste Millionstel Bruchteile von Millionstel Sekunden nur. Dennoch sollte das genügen, dass die Wellenberge und Wellentäler der beiden Strahlen – Wellen – nun nicht mehr synchron waren. Sie sollten das Interferenzmuster verändern. Und aus der konkreten Ausformung der Interferenzen hätte sich sogar berechnen lassen, mit welcher Geschwindigkeit und Ausrichtung genau sich die Erde durch den Äther bewegte.

Und nun wurde es spannend: Sollten die beiden Teilstrahlen nicht gleichzeitig eintreffen, wenn auch nur im Millionstel oder Milliardstel Sekundenbereich, musste sich das Interferenzmuster ändern. Aus deren spezifischer Ausformung sollte sich die Bewegung der Erde im Äther berechnen lassen. Doch das erwartete Ergebnis blieb aus. Es gab keine Änderung der Interferenzen. Sie waren einfach nicht da. Die beiden Teilstrahlen gelangten vollkommen synchron wieder am Ausgangspunkt an. Sie hatten präzise *gleich lang* benötigt.

Das Ergebnis schlug 1881 wie die sprichwörtliche Bombe in der Physik ein. Es war unmöglich. Es erschien einfach ganz und gar undenkbar. *Geschwindigkeiten addieren sich:* Das ist eine der fundamentalen Erfahrungen unseres Alltagslebens und auch ein ebenso fundamentaler Bestandteil der Newtonschen Physik – und damit der Physik schlechthin. Die Physik bis Newton hatte den enormen Charme, dass sie weitgehend anschaulich ist und mit dem gesunden Menschenverstand eine durchwegs sehr harmonische Beziehung führt.

Es konnte also nicht sein, auch Michelson und Morley selbst waren fest der Überzeugung, irgendetwas falsch gemacht zu haben: ein Messfehler, mangelnde Präzision ihres Geräts, eine Störung von außerhalb – irgendetwas dergleichen. Sechs Jahre später, 1887 wurde das Experiment daher wiederholt. Die beiden Physiker scheuten keinen Aufwand, um diesmal das Gelingen der Messung sicherzustellen: Man übersiedelte den ganzen Versuch in einen Keller tief unter der Erde. Ihre Apparatur bauten Michelson und Morley auf einer massiven Felsplatte auf, die ihrerseits erschütterungsfrei auf einem See aus Quecksilber schwamm. Zusätzlich setzten die Forscher durch, dass für die Zeit des Experiments in der gesamten Stadt Chicago (Cleveland), wo die Versuche stattfanden, der Straßenverkehr gestoppt wurde, um jegliche Störungen auszuschließen.

Und nun die beiden Lichtstrahlen … Fehlanzeige. Es half nichts. Die Interferenzen blieben aus. Die beiden Strahlen trafen absolut synchron wieder dort ein, wo man sie losgeschickt hatte. Sie hatten ihre gleich langen Wege in der präzis gleichen Zeit zurückgelegt, obwohl der eine davon durch die Erdbewegung hätte profitieren sollen. Die Lichtgeschwindigkeit blieb gleich, unabhängig von der Bewegung einer Lichtwelle, des Empfängers oder eines Beobachters. Wenn es auch nicht sein konnte, so war es doch so.

Die Physik fand sich nach dem Michelson-Morley-Experiment in einem Dilemma wieder, wie sie es noch nie erlebt hatte.

Nicht nur hatte das Konzept Äther als Träger der Lichtwellen versagt. Anstatt den Geheimnissen dieses seltsamen Stoffes näherzukommen, hatte man sich ein weiteres, noch viel größeres Rätsel eingehandelt. Die Lichtgeschwindigkeit war offenbar von der Bewegung des Senders oder Empfängers des Lichts unabhängig.

Man muss nicht hinzufügen, dass das Experiment in abgewandelten Formen seither mehrfach wiederholt wurde, mit immer besserer Technik und steigender Präzision. Den bislang letzten Härtetest vollführte eine Gruppe junger Wissenschafter an der Berliner Humboldt-Universität. Sie wiederholte das Michelson-Morley-Experiment mit heutiger Technik. Das hört sich so an:

Die beiden quer zu einander laufenden Halbstrahlen wurden zwischen Spiegeln höchster Güte 100.000 Mal hin und her reflektiert. Die Resonatoren, so die Bezeichnung dieser Spezialspiegel, sind aus Saphirkristallen gefertigt. Sie wurden für das Experiment auf minus 269 Grad Celsius abgekühlt, also fast bis zum absoluten Temperatur-Nullpunkt von minus 273 Grad. Das schließt sogar Störungen durch die Molekularbewegung aus. Das Ganze lief tagelang. Es zeigte sich wiederum – nichts.

Noch einmal zurück ins 19. Jahrhundert. Michelson und Morley hatten gezeigt: Die Lichtgeschwindigkeit ist in allen Richtungen konstant. Man kann einen Lichtblitz aussenden und ihm mit halber Lichtgeschwindigkeit nacheilen, er wird sich trotzdem mit der ganzen Lichtgeschwindigkeit entfernen. Im Vergleich zum Licht stehen wir gleichsam immer auf der Stelle.

Das Additionsgesetz für Geschwindigkeiten war obsolet. 1887 verhöhnte das nicht nur den gesunden Menschenverstand, was es heute noch tut. Es widersprach der gesamten Physik, diesem glänzenden wissenschaftlichen Gebäude, das auf Galileis und Newtons Fundamenten aufgebaut worden war und grandiose Erfolge gefeiert hatte. Die Folgen erschienen prekär: Wie konnte all die Technik der Zeit, wie konnten die Maschinen in den Fabriken, die Dampfmaschinen, die Lokomotiven, wie konnte all das funktionieren, wenn das Simpelste vom Simplen, die Addition von Geschwindigkeiten nicht galt?

Erst 1905 erkannte Albert Einstein, dass sich das Nicht-Er-gebnis des Michelson-Morley-Experiments nur durch einen kom-pletten Umbau der Physik bewältigen ließ. Man musste nicht mehr annehmen, dass es einen Äther gab, in dem Lichtwellen sich fortpflanzen.

Lorentz – falscher Ansatz mit richtigem Resultat

Mitunter kommt es vor, dass ein Physiker über die falsche Theorie verfügt, aber dennoch die richtige Formel findet. Erstaunlich, glauben Sie? Keineswegs, behaupte ich!

Eine Theorie im Sinne der Physik ist letztlich eine Erfindung. Ob sie stimmt oder nicht, ob sie mit der „Wirklichkeit" – was immer das sein mag – übereinstimmt, kann letztlich niemand sagen. Der Erfolg der Physik beruht förmlich darauf, dass man all diese schwierigen Fragen – was wahr sei, was die Wirklichkeit sei, was wir davon überhaupt feststellen können, all diese höchst philosophischen Probleme also – zunächst beiseitelässt, sie vorderhand ausblendet und zusieht, wie weit man ohne sie vorankommt. Das ist der Trick, und er ist sehr erfolgreich.

Die entscheidende Frage für eine Theorie lautet: Stimmen die von ihr vorhergesagten Messergebnisse mit den realen Messergebnissen überein? Oder noch fundamentaler: Da „Messen" letztendlich immer eine Form des Sehens ist, kann man es so formulieren: Sehe ich tatsächlich das, was die Theorie sagt, dass ich es sehen werde? Ist dem so, dann ist damit fürs Erste nur gesagt, dass sie in diesem einen Punkt einmal funktioniert. Dass sie „wahr" sei, in einem philosophischen Sinn nämlich, kann man daraus offenbar nicht schließen. Aber wenn die Theorie oft, ja immer wieder funktioniert, kann man irgendwann davon ausgehen, dass sie wohl doch etwas „Richtiges" wiedergeben dürfte.

Doch es kann auch passieren, dass die Theorie falsch ist – in anderen Punkten später nicht funktioniert –, in dem einen aber doch; dass sie also eine richtige Formel liefert, obwohl der Grundgedanke falsch war.

Dieses Kunststück gelang dem niederländischen Physiker Hendrik Lorentz (1853–1928). Er nahm an, wie auch schon alle Physiker vor ihm, dass es einen sogenannten *Äther* gab, obwohl Michelson und Morley gemessen hatten, dass die Lichtgeschwindigkeit immer konstant ist. Der Äther hatte offensichtlich keinen Einfluss auf diese Geschwindigkeit, unabhängig davon, in welcher Richtung das Licht sich auch gegenüber dem Äther bewegt. Das war das Ergebnis des Experiments von Michelson und Morley gewesen. Die Lichtgeschwindigkeit ist immer und überall und unter allen Umständen gleich. Sie ist insbesondere von der Bewegung eines Beobachters, desjenigen, der sie misst, unabhängig.

Michelson und Morley hatten mit diesem Messergebnis einige riesige Fragezeichen hinterlassen: Die Welt glaubte damals trotzdem noch immer an den Äther. Man meinte, und auch Hendrik Lorentz war dieser Überzeugung, dass eine Lichtwelle ein Medium braucht, in dem sie sich ausbreitet – so wie eine Wasserwelle Wasser benötigt und wohl nicht im leeren Raum existieren kann. Die Welle besteht ja eben darin, dass Teilchen in einem Medium schwingen und diese Schwingung sich dann ausbreitet.

Das nahm auch Lorentz an. Doch wie konnte c, die Lichtgeschwindigkeit dann so unverrückbar konstant sein? Wenn Licht sich in einem Medium, dem Äther ausbreitet, dann muss sich für einen sich bewegenden Beobachter die wahrgenommene Ausbreitungsgeschwindigkeit ändern: Fliegt man der Lichtquelle entgegen, scheint das Licht schneller näher zu kommen; fliegt man davon, holt die Welle den Beobachter entsprechend langsamer ein.

Denken Sie an einen Überholvorgang auf der Autobahn: Kommt von hinten ein schnelleres Fahrzeug an meines heran, holt es mich zwar ein, aber bedeutend langsamer, als wenn ich selbst stehen würde. Einfaches Beispiel: Ich fahre 100 km/h, im Rückspiegel kommt jemand daher, der 30 km/h schneller ist. Er holt mich also mit seiner Mehrgeschwindigkeit von 30 km/h ein.

Doch beim Licht ist das eben nicht so, es kommt immer mit c heran. Geht man nun davon aus, dass das Medium der Lichtwelle eine Substanz namens „Äther" ist, dann könnte das daran liegen, dass dieser Äther, von dem man ja an sich wenig weiß, irgendeine seltsame Eigenschaft hat, die diesen Effekt auslöst.

Gerade das vermutete Lorentz. Genau gesagt, er vermutete es eigentlich nicht. Die Idee erschien ihm höchst seltsam, wie den meisten seiner Zeitgenossen. Aber genau so wie diese, sah er keine andere Lösung. Und so legte er sich eine – die scheinbar einzig mögliche – Arbeitshypothese zurecht: Der Äther, dieser kuriose Stoff, deformiert auf eine seltsame – noch zu erforschende – Weise jegliche Materie derart, dass Messinstrumente, die ja zwangsläufig aus Materie bestehen, solch unmögliche Ergebnisse anzeigen. Anders gesagt: Wenn der Äther normale Materie, die sich durch ihn hindurchbewegt, irgendwie staucht oder dehnt – ist das eine eigentlich unerklärliche und durch nichts begründete Vorstellung. Aber da niemand eine bessere Lösung hatte, nahm Lorentz einmal an, es könnte dieser Äther, jener äußerst merkwürdige, allgegenwärtige, aber nicht feststellbare Stoff, eine weitere unbegreifliche Eigenschaft besitzen, welche die Konstanz der Lichtgeschwindigkeit hervorbringt.

Lorentz' Idee war: Der Äther könnte alles, jedes materielle Objekt, das sich ihm gegenüber bewegt, irgendwie zusammendrücken, ferner Gegenstände, namentlich Uhren, derart beeinflussen, dass sie langsamer ticken. Eine Uhr funktioniert ja so, dass irgendein regelmäßiger Vorgang abläuft. Das kann das Schwingen eine Pendels, einer Unruh, eines Quarzes, was auch immer sein. Wichtig ist nur ihre Regelmäßigkeit. Die Anzahl der Ereignisse, also der Schwingungen misst dann die Zeit. Und der Äther könnte also diese Vorgänge verlangsamen und damit die Zeit dehnen.

Hendrik Lorentz hatte keine Idee, wie der Äther dies alles anstellen sollte. Aber offenbar musste er es irgendwie bewirken, sonst könnte das Michelson-Morley-Experiment anders ausgegangen sein.

Die spätere Einsteinsche Relativitätstheorie erklärt zwanglos die Stauchung der Länge und die Dehnung der Zeit. Aber das wusste Lorentz noch nicht. Lorentz war in gewisser Weise konservativ, und die Idee, Licht könnte sich ätherlos, also ohne jegliches Medium ausbreiten, erschien ihm absurd. Genau gesagt: Auf diese Idee kam man zu seiner Zeit gar nicht. Darauf kam eben erst Albert Einstein. So ging Lorentz davon aus, der geheimnisvolle und ohnehin abstrus seltsame Äther werde diese Dinge schon irgendwie bewirken, und er begann zu rechnen.

Angesichts dieser Annahmen erstaunt es nicht, dass Lorentz' Formeln für die Kontraktion des Raumes und die Dehnung der Zeit, durch den Äther in bewegten Objekten hervorgerufen, exakt jene sind, die auch die spätere, richtige Relativitätstheorie auswirft. Lorentz rechnete und rechnete, wie die vom Äther hervorgerufene Raumkontraktion und Zeitdilitation erfolgen müsste, und kam exakt auf die richtigen Formeln – auf genau jene, die in Einsteins Relativitätstheorie herauskommen.

Die von Lorentz aufgestellten Gleichungen rechnen die Orte und Zeiten in gegeneinander bewegten Systemen um. Zu Ehren ihres Erfinders heißen sie bis heute „Lorentz-Transformation". Obwohl sie unter der falschen Voraussetzung eines Äthers hergeleitet wurden, konnten sie später nahtlos sofort in die Spezielle Relativitätstheorie aufgenommen werden. Sie sind sogar die grundlegenden Gleichungen dieser Theorie, und für Albert Einstein waren sie auch der wesentliche Ausgangspunkt seiner genialen Theorie.

Diese Gleichungen waren auch der Grund für die Kontroverse des Nobelpreis-Komitees vor der Nobelpreisverleihung im Jahre 1921. Dieses Komitee wollte Einstein nicht den Nobelpreis für seine Relativitätstheorie verleihen, weil argumentiert wurde, dass Lorentz schon vorher seine Formeln aufgestellt hatte, welche einen Teil der Relativitätstheorie vorwegnahmen. So verlieh man Einstein einfach den Nobelpreis für seine Erklärung der Lichtquantentheorie, die zwar ebenfalls nobelpreiswürdig, aber nicht so genial war wie die Relativitätstheorie.

Im Folgenden wollen wir nun die Addition von Geschwindigkeiten nach Lorentz durchführen. Nehmen wir an, dass sich ein System mit der Geschwindigkeit v_1 bewegt. Relativ zu diesem System bewegt sich ein Körper mit der Geschwindigkeit v_2. Denken Sie einfach an die zwei Autos von vorhin. Das erste Auto bewegt sich auf der Autobahn mit der Geschwindigkeit v_1 = 100 km/h, das zweite hat verglichen mit meinem Auto eine Geschwindigkeit von v_2 = 30 km/h. Die Frage ist: Wie groß ist die Geschwindigkeit V des zweiten Autos auf der Autobahn? Die Antwort liefert die folgende Formel der Lorentz-Transformation:

$$V = \frac{(v_1 + v_2)}{\left(1 + \frac{v_1 v_2}{c^2}\right)}$$

wobei v_1 und v_2 die Einzelgeschwindigkeiten sind und V die addierte Gesamtgeschwindigkeit ist.

Wir nehmen daher an, dass die beiden Bewegungen v_1 und v_2 in dieselbe Richtung erfolgen. Andernfalls wird's komplizierter.

Nun kann man mit ausgewählten Beispielen leicht testen, dass Lorentz' Formel stimmen könnte.

Beispiel 1:

$$v_1 = v_2 = c$$

Das erste Auto bewegt sich also mit Lichtgeschwindigkeit. Das zweite kommt mit Lichtgeschwindigkeit relativ zum ersten heran. Wie groß ist die Geschwindigkeit des zweiten Autos auf der Autobahn? Die Formel sollte als Ergebnis die Lichtgeschwindigkeit c und nicht die doppelte Lichtgeschwindigkeit 2c auswerfen.

Rechnen wir: $\frac{v_1 v_2}{c^2}$ im Nenner ergibt schlicht $\frac{c^2}{c^2}$, also 1. Der Nenner insgesamt ergibt dann 1 + 1 = 2. Im Zähler steht $v_1 + v_2$, also c + c = 2c. Es bleibt $\frac{2c}{2}$ = c. Wie es sein soll: 2 mal die Lichtgeschwindigkeit ergibt nur einmal die Lichtgeschwindigkeit.

Beispiel 2:

$$v_1 = c, \; v_2 = v_2$$

Die Geschwindigkeit des ersten Autos ist gleich der Lichtgeschwindigkeit c, das zweite Auto kommt mit irgendeiner Geschwindigkeit heran. Wie groß ist die Geschwindigkeit des zweiten Autos auf der Autobahn? In diesem Fall braucht man als Ergebnis ebenfalls die Lichtgeschwindigkeit c. Lichtgeschwindigkeit plus irgendetwas soll ja immer gleich Lichtgeschwindigkeit sein.

Probieren wir's:

$$V = \frac{(v_1 + v_2)}{(1 + \frac{v_1 v_2}{c^2})} \quad \text{– die Lorentz-Formel.}$$

Nun schreibt man statt v_1 an jeder Stelle c. Das ergibt:

$$V = \frac{(c + v_2)}{(1 + \frac{c \, v_2}{c^2})}$$

Im Nenner wird $\frac{c \, v_2}{c^2}$ um c gekürzt. Es bleibt $\frac{v_2}{c}$ und im Nenner insgesamt $1 + \frac{v_2}{c}$.

Nächster Schritt: 1 ist ja gleich $\frac{c}{c}$. Also kann man den Nenner auch als $\frac{c}{c} + \frac{v_2}{c}$ anschreiben. Das kann man addieren, ergibt: $\frac{(c + v_2)}{c}$. Bleibt insgesamt:

$$V = \frac{(c + v_2)}{\frac{(c + v_2)}{c}}$$

Ein Doppelbruch, in dem das unterste c nach oben wandert. Es bleibt:

$$V = \frac{c \, (c + v_2)}{(c + v_2)} = c$$

Infolge der offensichtlichen Symmetrie könnte man statt $v_1 = c$ und $v_2 = v_2$ (beliebig) genauso gut umgekehrt v_1 beliebig annehmen und $v_2 = c$ setzen. Die Addition zweier Geschwindigkeiten, von denen eine gleich c ist, ergibt deshalb immer auch c, unabhängig von der anderen Geschwindigkeit.

Beispiel 3:

Die Geschwindigkeit des ersten Autos ist fast gleich der Lichtgeschwindigkeit c, das zweite Auto kommt ebenfalls mit fast gleich der Lichtgeschwindigkeit heran. Sagen wir: Beide Geschwindigkeiten seien gleich und betragen 90 Prozent der Lichtgeschwindigkeit: 0,9 c. Ergibt nach Lorentz:

$$V = \frac{(0,9\ c + 0,9\ c)}{(1 + \dfrac{0,9\ c\ 0,9\ c}{c^2})}$$

Im Zähler: 0,9 c + 0,9 c = 1,8 c. Im Nenner: 0,9 c 0,9 c ist 0,81 c^2. Daher:

$$V = \frac{1,8\ c}{(1 + \dfrac{0,81\ c^2}{c^2})}$$

Die beiden c^2 im Nenner kürzen sich weg. 1 + 0,81 = 1,81. Daher:

$$V = \frac{1,8}{1,81\ c} = 0,99\ c$$

Das zweite Auto bewegt sich mit 99 Prozent Lichtgeschwindigkeit auf der Autobahn. Wie es sein soll: Zwei Geschwindigkeiten nahe der Lichtgeschwindigkeit (90 Prozent) nähern sich addiert der Lichtgeschwindigkeit weiter (99 Prozent), überschreiten sie aber nicht.

Beispiel 4:

Die Geschwindigkeit des ersten Autos ist klein gegenüber der Lichtgeschwindigkeit c, das zweite Auto kommt mit einer Geschwindigkeit heran, die ebenfalls klein gegenüber der Lichtgeschwindigkeit ist.

Wobei „klein": Auch ein moderner Düsenjet nahe der Schallgeschwindigkeit ist verglichen zum Licht noch immer sehr langsam. Konkret: 1000 km/h gegenüber einer Milliarde km/h. In Prozent sind das 0,0001 Prozent – ein Tausendstel Promille.

Jedenfalls sollte das relativistische Additionsgesetz nach Lorentz und Einstein da einen Wert nahe $V = v_1 + v_2$ auswerfen – die geläufige normale Addition. Oder höchstens eine winzige Abweichung davon.

In der Lorentz-Formel

$$V = \frac{(v_1 + v_2)}{(1 + \frac{v_1 v_2}{c^2})}$$

wird für kleine v_1 und v_2 im Nenner $\frac{v_1 v_2}{c^2}$ sehr klein, da c^2 gegenüber $v_1 v_2$ riesig ist. Physiker schreiben für so etwas den griechischen Buchstaben Epsilon: „ε" – ein Wert, der zwar nicht exakt gleich 0, aber vernachlässigbar winzig ist. Damit ergibt sich:

$$V = \frac{(v_1 + v_2)}{(1 + \varepsilon)}$$

Also praktisch: $V = v_1 + v_2$. Das entspricht unserer Alltagsanschauung: Das zweite Auto bewegt sich mit 130 km/h auf der Autobahn. Aber wie gesagt, das gilt nur, wenn die beiden Geschwindigkeiten klein gegenüber der Lichtgeschwindigkeit sind.

Spaßeshalber kann man sich ausrechnen, mit welcher relativistischen Kollisionsgeschwindigkeit zwei Flugzeuge, jedes mit 1000 km/h unterwegs, tatsächlich frontal aufeinanderprallen. Klassisch, nach Newton, wären es ja exakt 2000 km/h.

Nach Lorentz-Einstein darf es eine Spur weniger sein: 1999,999999998000000000002 km/h, sagt der Taschenrechner. – Bringt leider nicht wirklich etwas, wenn man in einem der Flieger sitzt ...

Boltzmann –
Wärmeenergie und Entropie

Wärme ist eine Form von Energie.

So lautet der Erste Hauptsatz der Wärmelehre. Grotesk, wird jetzt mancher meinen. Diese Banalität soll ein „Hauptsatz" sein? Und vielleicht wird der eine oder andere hinzufügen: Physiker scheinen sich ihren Monatslohn wirklich leicht zu verdienen …

Doch halt! So trivial der Satz heute klingen mag – ganz so einfach ist er nicht. Sehen wir uns die Sache einmal historisch an. Bis vor 200 Jahren, bis etwa 1800, war durchaus niemandem klar, dass Wärme eine Form von Energie sein könnte. Wärme, so meinte man damals, wäre als spezieller Wärmestoff in den Körpern vorhanden. Diesen stellte man sich je nach Theorie und Wissensstand eher gasartig oder als Flüssigkeit vor. In manchen Versionen hieß er „Caloricum", in anderen „Phlogiston", wobei Chemiker eher zum Phlogiston tendierten, Physiker mehr vom Caloricum hielten.

Wärmeaustausch, so die seinerzeitige Vorstellung, käme dann simpel dadurch zustande, dass der Wärmestoff vom einen, dem wärmeren, zum anderen, dem kälteren Körper übergeht. Offenbar musste der Wärmestoff, das Caloricum unsichtbar und obendrein noch gewichtslos sein, da ja bei Erwärmung keine Gewichtszunahme festzustellen war. In manchen Theorien hatte der Wärmestoff sogar ein negatives Gewicht. Allerdings sollte das Caloricum doch eine Ausdehnung besitzen. Das erklärte sehr schön, dass sich Gegenstände ausdehnten, wenn sie sich erwärmten – der in sie eindringende Wärmestoff blähte sie auch auf. Verbrennung bestand dann darin, dass der Wärmestoff, in diesem Fall meist das Phlogiston, abgegeben wurde.

Mit dem Wärmestoff konnte man erklären, warum Holz an der Luft brannte – durch Phlogiston-Austausch nämlich –, und warum Kerzen ohne Luftzufuhr ausgingen. Die Luft könnte, ähnlich einem Schwamm, nur eine bestimmte Menge der geheimnisvollen Substanz aufnehmen, welche die Kerze abgab. War die Grenze erreicht, erstickte der überschüssige Wärmestoff die Flamme.

Ein Problem bestand allerdings darin, dass Metalle, sobald verbrannt, schwerer waren als vorher und bei anderen Stoffen wie Holz ein Gewichtsverlust einzutreten schien. Man versuchte das durch komplizierte Annahmen zu lösen. Eine davon war eben, dass der Wärmestoff ein negatives Gewicht hätte, eine Art Anti-Gravitation ausübe, wie man sie heute bisweilen in Science-Fiction-Romanen antrifft.

Das alles klingt wild, unausgegoren und 200 Jahre später auch reichlich abstrus. Dennoch arbeiteten sehr kluge Menschen an der Caloricums-Theorie in ihren verschiedenen Varianten, und durchaus mit Erfolg. Interessanterweise war es schließlich nicht ein gelernter Physiker, der sämtlichen Wärmestoff-Theorien den Todesstoß versetzte, sondern ein Kanonen-Konstrukteur. Sir Benjamin Thompson (1753–1814) entdeckte etwa um das Jahr 1799, dass beim Aufbohren von Kanonenrohren Wärme entstand – Reibungswärme, wie wir heute wissen.

Diese Wärme bildete sich erstens zeitlich unbegrenzt: Solange man bohrte, wurden die herzustellenden Kanonenrohre auch heißer. Und sie erhitzten sich auch *wieder*, wenn man eine Pause eingelegt hatte und die Werkstücke in der Zwischenzeit ausgekühlt waren. Das widersprach klar der Idee eines Wärmestoffes, der ja irgendwie begrenzt sein sollte. Er hätte irgendwann aufgebraucht sein müssen und konnte nicht endlos immer weiter entweichen.

Zudem bemerkte Thompson, dass seine Kanonenrohre umso heißer wurden, je heftiger man bohrte. Und sie erhitzten sich auch stärker, wenn die Bohrer stumpf waren und es mit dem Bohren deshalb nicht so richtig voranging.

Für all das lieferte die Wärmestoff-Theorie keinerlei Erklärung, im Gegenteil. Thompson schloss, dass die Erhitzung etwas mit der Bewegung zu tun haben musste, mit der Energie, die in der Rotation der Bohrer steckte. Dass Bewegung ihrerseits eine Form von Energie darstellte, wusste man. Das hatte Isaac Newton schon 100 Jahre zuvor festgestellt und mit überwältigendem Erfolg veröffentlicht.

Auf diese Weise kam Benjamin Thompson, der amerikanische Kanonenbauer, der vor seiner Einberufung in den US-amerikanischen Bürgerkrieg nach England geflüchtet und schließlich in die Dienste des bayerischen Kurfürsten Karl Theodor in München getreten war, dieser vielgereiste Mann mit durchaus abenteuerlicher Biografie, als erster Mensch zu dem Schluss, dass Wärme eine Art von Energie sein müsse.

Thompson, dem später geadelten Grafen Rumford, kann man auch sonst kein untätiges Leben vorwerfen. Er errichtete Armenhäuser oder Schulen und organisierte in Bayern die erste staatliche Arbeitsvermittlung der Welt. Er beschäftigte sich mit der Nahrungszubereitung und versuchte so etwas wie eine Wissenschaft vom Kochen zu etablieren – war also sozusagen der erste Ernährungswissenschafter der Geschichte. Unter anderem erfand er die nach ihm benannte „Rumford-Suppe" für Bedürftige, streng nach wissenschaftlichen Kriterien. Darüber hinaus errichtete er in München den heute noch beliebten Englischen Garten.

Thompsons wichtigste Leistung aus heutiger Sicht, die Erkenntnis, dass Wärme eine Form von Energie ist, kennen wir nun als den Ersten Hauptsatz der Wärmelehre. Er selbst konnte das nicht genauer formulieren. Eine echte physikalische Ausbildung fehlte Thompson – was ihm Konkurrenten und Anhänger der Wärmestoff-Idee auch zum Vorwurf machten. Die Theorie der Wärme, die *Thermodynamik*, auf Thompsons Grunderkenntnis zu verfeinern, blieb anderen überlassen, Männern mit durchaus klingenden Namen: Hermann von Helmholtz, Rudolf Clausius, James Prescott Joule und William Thomson, dem geadelten Lord Kelvin – um nur einige zu nennen.

Gemeinsam ist diesen Forschern, dass sie alle um das Jahr 1820 herum geboren sind – 20 Jahre nach den Entdeckungen des Kanoneningenieurs Benjamin Thompson. So lange dauerte es, bis dessen unabweisbarer Schluss sich in der Fachwelt durchgesetzt hatte: „Wärme ist eine Form von Energie."

Immerhin, um 1850 war das dann klar. Helmholtz, Joule, Kelvin und andere führten die exakte Temperaturmessung in die Physik ein. Sie versuchten Wärmemaschinen zu bauen, die umgekehrt aus Wärme Bewegungsenergie gewinnen sollten. In diesem Zusammenhang sind natürlich auch James Watt und die Dampfmaschine zu erwähnen. Helmholtz formulierte den Energieerhaltungssatz. Joule entdeckte, dass auch von elektrischem Strom durchflossene Kabel Wärme produzieren und dass ein Gas, wenn es sich ausdehnt, kühler wird. Damit war der Zusammenhang von Druck und Temperatur erkannt.

Energie und Wärme – Wärme und Energie – die beiden Größen wuchsen zu untrennbaren, siamesischen Zwillingen zusammen. Doch kein Forscher war vorerst imstande, die Frage nach dem Warum zu beantworten: Wie und weshalb konnte durch Reibung, also durch Bewegung, Hitze erzeugt und umgekehrt in Dampfmaschinen Wärmeenergie in Bewegungsenergie umgesetzt werden? Man wusste sehr genau, welchen mechanischen Aufwand man treiben musste, um zum Beispiel einen Liter Wasser zu erhitzen. Die quantitativen Verhältnisse zwischen Wärme und Bewegung hatte Joule nachgemessen und exakt bestimmt. Aber was diese Prozesse überhaupt ermöglichte, blieb im Dunkeln.

Um die Grundlagen der Verwandelbarkeit von Bewegungsin Wärmeenergie und umgekehrt zu klären, brauchte es einen schottischen Botaniker, einen österreichischen Physiker und eine Idee, die eigentlich uralt war. Der Schotte hieß Robert Brown

(1773–1858), der Österreicher Ludwig Boltzmann (1844–1906). Die Idee war die des *Atoms*.

1827 beobachtete Robert Brown Blütenpollen in einem Wassertropfen unter dem Mikroskop. Was er sah, erstaunte ihn: Die Pollen vollführten ständig unregelmäßige, zuckende Bewegungen, für die es keine Ursache zu geben schien. Nichts bewegt sich rundherum, und dennoch scheinen die winzigen Pollen andauernd von allen Seiten angestoßen und herumgeschubst zu werden – mal hierhin, mal dorthin. Physiker bestätigten in der Folge die Beobachtungen des Botanikers. Sie verifizierten sie in gleicher Weise an Kohlestaubteilchen, die in Wassertropfen schwammen. Diese Überprüfung war notwendig, um zu zeigen, dass auch unbelebte Stoffe diese Eigenschaft zeigen. Die Erscheinung wurde zu Ehren ihres Entdeckers die „Brownsche Bewegung" genannt.

Doch was war die Ursache hierfür? Diese Frage stand am Beginn der modernen Atomtheorie, über 2000 Jahre nachdem die alten Griechen, namentlich der Philosoph Demokrit, erstmals die Idee gehabt hatten, die Materie könnte aus kleinsten Teilchen zusammengesetzt sein – aus *Atomen*. Diese kleinsten Teilchen können sich ineinander verhaken und damit größere Objekte bilden. Da sie unterschiedliche Eigenschaften haben, können damit auch unterschiedliche Objekte gebildet werden. Das altgriechische Wort „Atomos" heißt nichts anderes als „unteilbar".

Schließlich gab das eine das andere: Wenn die Materie aus Atomen bestand, so überlegte Ludwig Boltzmann, aus Teilchen, die wir nicht sehen, die sich aber in einem Gas oder in einer Flüssigkeit unabhängig voneinander bewegen konnten, dann fügte sich alles zusammen. Dann, so der Gedanke, steckte in der Bewegung der Atome naturgemäß Energie. Und genau diese Energie wurde bei der Umwandlung zwischen Wärme- und Bewegungsenergie, etwa bei der Reibung, umgewechselt.

Um diesen Gedanken vollständig durchzudenken, müssen wir uns einmal kurz Gedanken über den Aufbau von Materie machen. Alle Objekte bestehen aus Atomen: Das wachsende Holz, die uns umgebende Luft oder auch dieses Buch. In festen Objekten sind die Atome ziemlich regelmäßig angeordnet. Diese Atome bewegen sich fast nicht, aber sie können immer noch um ihren Gitterplatz hin und her schwingen. Ein Körper, bei dem die einzelnen Atome fast gar nicht schwingen, hat eine geringe Temperatur, während die Atome eines Körpers mit einer höheren Temperatur sich schneller bewegen.

Ein Körper, der an einem anderen reibt, regt die Schwingungen von dessen Atomen an. Das würde alles rein mechanisch funktionieren, nicht anders, als wenn eine Billardkugel die andere anstößt – nur eben unsichtbar. Die so verursachte Bewegung der Atome empfinden wir als Wärme. Wärmeenergie wäre demnach nichts Eigenständiges, sondern tatsächlich Bewegungsenergie, die Bewegungsenergie jener kleinsten Teilchen nämlich, aus denen Gase, Flüssigkeiten und Festkörper bestehen. Die Umwandelbarkeit ist damit keine Rätsel mehr.

Man muss dazu sagen: Ludwig Boltzmann war nicht der erste und einzige, der die Atomtheorie aus dem alten Griechenland wieder aufnahm. Sie passte nebenher noch für einige andere Phänomene, insbesondere für die gesamte moderne Chemie. Doch Boltzmann wurde zu einem ihrer entschiedensten Vertreter und dafür von Fachkollegen auch stark angefeindet. Zugleich begründete er die moderne Thermodynamik, welche die Wärmephänomene nicht nur misst, sondern auch aus der fundamentalen Struktur der Materie erklären kann. Diese Struktur ist von verschiedenen möglichen Zuständen abhängig. Boltzmann konnte mit seiner Theorie, praktisch im Vorbeigehen, über diese Zustände eine fundamentale Aussage treffen:

$$S = k \cdot \ln W \ (S = k \text{ mal Logarithmus von } W)$$

Diese Zeichen zieren den Grabstein des österreichischen Physikers Ludwig Boltzmann. Auszusprechen ist die Gleichung, denn um eine solche handelt es sich, in Kurzform wie folgt: *Entropie ist gleich der Boltzmann-Konstante k mal dem Logarithmus der möglichen Zustände, die in einem System auftreten können.* Die Konstante k, so viel vorab, wurde dabei nicht vom bescheidenen Ludwig Boltzmann, sondern von seinen Nachfahren ihm zu Ehren „die Boltzmann-Konstante" getauft.

Aja ... Unmittelbar begreiflich ist das nicht wirklich. Nur Geduld, sehen wir uns die Sache genauer an. Bei der Gleichung auf Boltzmanns Grabstein handelt es um eine Definition. Die Entropie-Formel ist nicht ein Ergebnis, eine Erkenntnis wie etwa Newtons Gravitationsgesetz oder Einsteins berühmtes „E ist gleich mc²". Sie ist kein Naturgesetz, sondern eine Festlegung. Boltzmanns Gleichung definiert eine Größe, eine Maßzahl namens *Entropie.*

Tatsächlich kommt die Entropie in der Natur, streng genommen, gar nicht vor. Sie ist weder sichtbar noch mit einem Instrument direkt zu messen. Die Entropie bildet eine konstruierte Größe, ein gedankliches Modell, das dazu dient, Eigenschaften von Systemen zu beschreiben.

Und wozu das Ganze? Ist die Natur nicht auch so schon kompliziert genug? Nun, eben genau deshalb. Gerade weil die wirkliche Natur so komplex ist, macht es Sinn, Beschreibungsformen zu finden, die uns helfen, ihre Eigenheiten einfacher, eleganter zu formulieren. Genau genommen tun wir das täglich. Sogar die scheinbar so selbstverständlichen „natürlichen Zahlen" kommen in der Natur per se nirgendwo vor. Es gibt in der Natur keine „Fünf". Es gibt fünf Äpfel, fünf Birnen, fünf Sessel, fünf Menschen. Eine Fünf als Gegenstand jedoch existiert nicht. „Fünf" ist ein Abstraktum, ein gedankliches Konstrukt, um Eigenschaften von Systemen, etwa des Systems „fünf Äpfel" oder „fünf Birnen" zu beschreiben.

Man muss sich also keine Gedanken machen, dass die seltsame Entropie in der Natur nicht vorkommt. Das gilt ja sogar für die natürlichen Zahlen. Der Zweck solcher Konstrukte liegt in ihrer Fähigkeit, die Realität zu beschreiben und die Dinge berechenbar zu machen. Bekanntlich haben sich die natürlichen Zahlen als ein ausgesprochen mächtiges Hilfsmittel erwiesen, um Wirklichkeiten zu erfassen. Der Unterschied zu Boltzmanns Entropie-Begriff besteht darin, dass der Mensch sich die natürlichen Zahlen schon vor Jahrtausenden erdacht hat. Sie sind uns daher selbstverständlich geworden. Bei der Entropie ist das anders. Sie stammt in dieser Form von Ludwig Boltzmann, und sie ist erst ein gutes Jahrhundert alt.

Indes hat sich auch die Entropie als enorm effizientes Instrument erwiesen, um die Wirklichkeit und die realen Vorgänge darin beim Schopf zu packen. Boltzmann konnte auf seinem Entropie-Begriff die Theorie der Thermodynamik begründen. Thermodynamische Prozesse sind in der Natur tatsächlich allgegenwärtig. Sie finden überall dort statt, wo das Verhalten vieler einzelner Teile eines großen Systems eine Gesamtwirkung erzeugt. Ein einzelnes Teilchen kann nicht viel machen: sich bewegen, schwingen oder um seine eigene Achse rotieren. Aber viele Teilchen können noch viel mehr – zum Beispiel ein Automobil bilden und die Umwelt verschmutzen. Mit einem Wort: Ein thermodynamischer Prozess besteht darin, dass das Ganze mehr ist als die Summe seiner Teile.

Ein beliebtes Beispiel für ein thermodynamisches System ist der gefürchtete Verkehrsstau zur morgendlichen Stoßzeit. Der Stau besteht aus einer Vielzahl einzelner Fahrzeuge, die, jedes für sich genommen, keinerlei Verkehrsstau produzieren. In der Gesamtmasse allerdings ist der Kollaps vorprogrammiert. Erst das Gesamtsystem „viele Fahrzeuge" erzeugt den Stau, der sich aus den Eigenschaften und dem Verhalten des einzelnen Gefährts nicht ableiten lässt und der seinen eigenen Gesetzlichkeiten folgt. Das ist Thermodynamik.

Diese ist in der Natur allgegenwärtig. Die Materie, wie wir sie kennen, besteht aus Atomen, die wiederum aus Elektronen, Protonen und anderem mehr bestehen. Jene Teilchen verhalten sich, jedes für sich, nach ganz eigenen Gesetzen. Erst in Summe ergeben sie das, was wir als Materie wahrnehmen. Darin besteht die

Erstaunlichkeit von thermodynamischen Systemen: Dass die Teilchen und ihre fundamentalen Gesetze so ganz anders sind, als wir sie aus dem Alltag her kennen.

Ein sehr berühmtes Beispiel für ein thermodynamisches System ist unser Gehirn. Es besteht aus etwa hundert Milliarden Nervenzellen, jede für sich ein einfacher Signalprozessor. Ein Ding also, das aus einigen wenigen Inputs einen Output produziert, wobei In- und Outputs sich auf sehr wenige konkrete Werte beschränken. Nirgendwo an der einzelnen Nervenzelle wird etwas anderes sichtbar als Signalverarbeitung auf simpelster Ebene. Ein Neuron kennt nur zwei Zustände: Es kann aktiv sein oder es ist inaktiv. Im Gesamtsystem der hundert Milliarden Zellen tritt indes ein erstaunliches Phänomen zutage, das die einzelne Nervenzelle in keiner Weise vermuten lässt: Wir denken.

Das Gehirn bildet ein thermodynamisches System: Das Ganze ist mehr als die Summe seiner Teile. Es gelten dafür die Grundgesetze aller thermodynamischen Systeme, die Boltzmann dank seines Entropiebegriffs beschreiben konnte.

Was ist nun diese „vermaledeite" Entropie? Das beliebteste Beispiel, um den Entropie-Begriff zu erklären, ist das Puzzle. Gehen wir vom fertigen Puzzle aus, dem Mosaik aus kleinen Plättchen, die man mit viel Geduld zu einem Bild zusammengesetzt hat. Dieser Zustand des Systems Puzzle ist ein extrem unwahrscheinlicher. Es existieren Tausende, vielleicht Millionen Möglichkeiten, die Puzzlestücke auf der Tischplatte auszubreiten. Nur eine einzige davon ist die richtige, die das Bild ergibt. Das bedeutet: Die Wahrscheinlichkeit dieses Zustands ist extrem klein. Nach Boltzmann: Die Entropie ist gering.

Umgekehrt der ungeordnete Zustand des Puzzles: Die Plättchen liegen wild verteilt auf dem Tisch, ohne weiteres Zutun. Die Wahrscheinlichkeit dafür ist groß. Daher ist die Entropie des Systems Puzzle im nicht zusammengesetzten Zustand groß.

Große Entropie bedeutet, mathematisch gesprochen, Zufallsverteilung. Sind die Teile eines Systems so angeordnet, wie es der

Zufall will, dann ist die Entropie groß. Der Zufall mischt die Teile nach dem Prinzip der Gleichverteilung, die Atome eines Gases etwa so, dass sie den Raum gleichmäßig ausfüllen.

Heute wird Entropie oft als Gegenstück zur Information gedeutet. Beim Puzzle ist das offensichtlich: Das fertige Bild mit seiner geringen Entropie enthält viel Information, eben das fertige Bild. Im ungeordneten Zustand, dem der hohen Entropie, ist der Informationsgehalt gleich null. Aus dem Beispiel Puzzle lässt sich ein Grundgesetz thermodynamischer Systeme erkennen: Geringe Entropie entsteht nicht von allein.

Der „Naturzustand" jedes thermodynamischen Systems ist jener der hohen Entropie, also: die Puzzleplättchen wild auf dem Tisch verteilt, die Bäume im Wald ungeordnet, nicht in Reih und Glied wie die Rebstöcke im Weingarten, die Buchstaben in der Form der Buchstabensuppe, wirr durcheinander, nicht in der eines Satzes. Um die Entropie eines Systems zu verringern, um das Chaos zu mildern, ist immer ein Zutun nötig, ein Eingriff von außen.

Das folgt direkt aus der Beziehung zwischen Entropie und Möglichkeiten: Wahrscheinlich sind Systemzustände, die hohe Entropie aufweisen. Geringe Entropie ist unwahrscheinlich, sie entsteht nicht von allein. Oder wie die Physiker sagen: Um die Entropie in einem System zu verringern, muss von außen Energie zugeführt werden.

Die Erklärung dafür nach Ludwig Boltzmann: Entropie wird sich in einem abgeschlossenen System, einem, das von außen unbeeinflusst ist, niemals von selbst verringern, sondern immer ansteigen, im besten Fall für eine Zeit lang gleich bleiben.

Und damit sind wir beim ersten und wichtigsten Gesetz thermodynamischer Systeme, das der große Österreicher Boltzmann aus seiner Definition der Entropie ableitete:

In einem abgeschlossenen System nimmt die Entropie beständig zu.

Dies ist der Zweite Hauptsatz der Thermodynamik, auch das „Entropie"-Gesetz genannt. So harmlos dieses eigentlich wenig mysteriöse Entropie-Gesetz klingen mag, es hat für uns alle geradezu fundamentale Konsequenzen: Die Zeit vergeht. Wir altern. Wie das? Zur Erläuterung noch ein Beispiel: Geraten zwei Gegenstände unterschiedlicher Temperatur in räumlichen Kontakt, so wird der wärmere seine Wärme an den kälteren abgeben, und zwar so lange, bis der Ausgleich hergestellt ist, sie also gleich warm oder auch gleich kalt sind. Die Gleichverteilung und damit die Entropie ist gemäß Boltzmanns Gesetz größer geworden.

Man kann diesen Vorgang verlangsamen, etwa durch Verwendung isolierender Materialien beim Häuserbau oder indem man den heißen Tee in eine Thermoskanne füllt. Ganz unterbinden lässt sich der Prozess nicht, ebenso wenig kann er sich umkehren: Niemals wird der kältere Körper noch Wärme abgeben, sich dabei weiter abkühlen und den schon wärmeren Körper aufheizen.

Und nun kommt das Besondere: Dieser Vorgang ist offenbar zeitlich gerichtet. Dies macht die essenzielle Bedeutung des Zweiten Hauptsatzes der Thermodynamik aus: Als einziges Grundgesetz der gesamten Physik ist es gegenüber dem Ablauf der Zeit nicht symmetrisch. Alle anderen Erkenntnisse und Formeln der Naturwissenschaft, wirklich alle, würden in gleicher Weise gelten, liefe die Zeit nicht vorwärts, sondern rückwärts ab.

Lassen wir eine Tasse zu Boden fallen, wird sie wahrscheinlich zerbrechen. Die Splitter liegen dann am Boden herum. Gibt es einen Grund, warum sich die Splitter wieder zusammenfügen sollen und die Tasse wieder ganz wird? Nein, denn die Ordnung kann nur durch Energiezufuhr hergestellt werden – man müsste die Splitter aufheben und wieder zusammenkleben – und das kostet Energie. Niemals wird eine zerbrochene Tasse von allein wieder ganz.

Nirgendwo sonst kann uns die Wissenschaft erklären, warum die Zeit immer nur in der einen, uns bekannten Richtung vorwärts schreitet. Wäre die ganze Physik nicht bloße Theorie, wäre sie tatsächlich eine Art Bauplan für das Universum, könnte man sagen: Die Entropie zwingt die Zeit in die eine uns bekannte Richtung. Weil sie beständig zunehmen muss, zwingt sie die Zeit zu ihrem Lauf im Uhrzeigersinn. Mit den unangenehmen Folgen, dass unsere Haare weiß werden oder ganz ausfallen, dass wir die Last des Alters erfahren – mit den bekannten letzten Konsequenzen. Dabei widerfährt uns nichts Schlimmeres als dem Universum als Ganzes. Mit der Zunahme der Entropie wird es älter und älter.

Heute weiß jedes Kind, dass es Atome gibt. Doch wie umstritten diese Auffassung um 1900 noch war, zeigt eine oft erzählte Anekdote. Nach einem Vortrag am physikalischen Institut in Wien, bei dem Boltzmann seine revolutionären Ideen darlegte, soll Ernst Mach (1838–1916), immerhin einer der prominentesten Naturwissenschafter seiner Zeit, den jüngeren Kollegen spöttelnd gefragt haben: „Und haben's schon einmal ein Atom g'sehn, Herr Kollege?"

Albert Einstein wurde einmal gefragt, was denn die wichtigste Theorie sei. Er antwortete zum Erstaunen der anwesenden Reporter damit, dass er meine, die Boltzmannsche Wärmelehre. Die Journalisten waren sehr verblüfft und fragten nach: „Aber Herr Einstein, Sie haben doch auch eine sehr beeindruckende Theorie, was ist mit Ihrer Theorie?" Er antwortete nur: „Meine Herren, jede Theorie wird von einer anderen Theorie abgelöst. Meine Theorie erweiterte die Newtonsche Theorie. Aber die Wärmelehre von Boltzmann, die ist ewig. Die wird niemals abgelöst!"

Boltzmann erlebte den Siegeszug seiner Wärmetheorie auf Basis des Atomismus gerade nicht mehr. Am 5. September 1906 beging er in Duino bei Triest Selbstmord.

Planck – der Mann, der an sich selbst nicht glaubte

Berlin 1900. Die Stadt an der Spree ist die überaus selbstbewusste Haupt- und Residenzstadt des 30 Jahre zuvor wieder gegründeten Deutschen Reichs und pulsiert vor Aktivität. Man hat sich fest vorgenommen, die drei richtungsweisenden europäischen Zentren des 19. Jahrhunderts, London, Paris und Wien, einzuholen, zu übertreffen und möglichst bald möglichst weit hinter sich zu lassen. Ein Vehikel dazu ist auch die Physik, die man in Berlin schon damals – nicht erst 33 Jahre später – gern die „deutsche Physik" nennt. Instrumente dazu sind großzügig finanzierte Universitäten und die noch spendabler mit Geld überhäufte königlich-preußische Akademie der Wissenschaften. Sie wird in der Tat bald, bis zur Machtergreifung der Nationalsozialisten, zum weltweiten Nabel der Naturwissenschaften werden.

Für den 14. Dezember des denkwürdigen Jahres 1900 hat der theoretische Physiker Max Planck zu einem Vortrag geladen. Der 42-Jährige, geboren 1858 in Kiel, gilt zu diesem Zeitpunkt als ein in Fachkreisen angesehener Mann. Über die Kollegenschaft hinaus bekannt oder gar berühmt ist er freilich nicht. Seit acht Jahren hat Planck eine Professur an der Universität Berlin inne. Seine Berufung verdankt er allerdings der Absage der beiden erstgereihten Kandidaten, Ludwig Boltzmann (1844–1906) und Heinrich Hertz (1857–94). Die beiden blieben lieber in Wien beziehungsweise Bonn, bei Hertz spielten auch gesundheitliche Gründe eine Rolle, er verstarb bereits zwei Jahre später. Mit 42 Jahren ist Max Planck auch nicht mehr in dem Alter, in dem man sich von einem bis dahin unauffälligen Physiker noch große

Durchbrüche erwartet – ein Wissenschaftsarbeiter mit einer schönen, aber keineswegs berauschenden Karriere.

Für seinen Vortrag hat Planck bewusst den kleineren Rahmen der Physikalischen Gesellschaft Berlins gewählt, nicht etwa die königlich-preußische Akademie. Im Programm werden lapidar „neue Forschungsergebnisse" angekündigt. Planck macht nicht viel Aufhebens oder gar Werbung um sein Referat. Das hat einen Grund: Ganz wohl ist ihm bei seiner Sache nicht.

Der Physiker referiert vor dem kleinen Auditorium vorerst einige experimentelle Ergebnisse und Messwerte. Er spricht über die Strahlung sogenannter „schwarzer Körper". Was genau das ist, tut hier vorerst nicht viel zur Sache. Im Prinzip fällt darunter jedes Objekt, das dank seiner Temperatur Energie abstrahlt: ein Ofen, eine heiße Herdplatte, ein glühendes Stahlstück, auch heißes Gas in Form einer Flamme. Witzig scheint, dass in diesem Sinne die Sonne einen „schwarzen Körper" darstellt – in gewisser Weise sogar seinen Idealfall.

Planck füllt die Tafel mit Zahlenreihen und Tabellen. Seine Messergebnisse beeindrucken das Publikum durch ihre Genauigkeit und die akribisch zusammengetragenen Details. Etwas essenziell Neues beinhalten die Zahlen nicht, sie bewegen sich im Rahmen des Erwartbaren. Ein wenig spannend ist die Sache ohnehin nur, weil die ominöse Schwarzkörper-Strahlung ein kleines wissenschaftliches Rätsel darstellt. Die schon vor Planck durchgeführten Messungen passten nicht in die Physik. Sie vertrugen sich nicht mit den physikalischen Grundvorstellungen der Jahrhundertwende. Allerdings sah man das Rätsel allgemein als weniger bedeutsam an. Irgendjemand würde kommen und die Sache über kurz oder lang schon lösen. Für weltbewegende Erkenntnisse oder grundlegend neue Theorien schien die unpassende Strahlung kaum gut – dachte man wenigstens.

Planck fährt mit seinen Erläuterungen fort. Er legt dar, wie seine Zahlen in Formeln zu fassen sind: in Gleichungen, die die gemessenen Werte korrekt berechnen und wiedergeben. Er formt um und führt ein paar Ableitungen durch. Alles ist sauber, korrekt, aber wenig spektakulär. Schließlich endet er mit einer einfachen Formel, einer Konklusio. Die allerdings sieht ein wenig sonderbar aus, wie das fachlich versierte Publikum sofort erkennt:

$$E = \hbar \cdot f$$

Sonderbar ist das freilich nicht durch eine allfällige Kompliziertheit. Es lässt sich ganz leicht sogar in Worten ausdrücken: *Energie ist gleich Frequenz f mal ℏ*. Die Zahl „ℏ" ist dabei eine Konstante, ein Wert, der sich nicht ändert – eine Zahl eben. Planck nennt sie provisorisch das „Wirkquantum". Natürlich wird man sie ihm zu Ehren später das „Plancksche Wirkungsquantum" nennen: Sobald sich herausgestellt haben wird, dass diese simple Zahl eine absolute und fundamentale Naturkonstante darstellt, in ihrer Bedeutung nur mit Konstanten wie der Lichtgeschwindigkeit, der Gravitationskonstante oder dem absoluten Temperatur-Nullpunkt vergleichbar.

Aber so weit sind wir noch nicht. Vorerst, an besagtem 14. Dezember, bedeutet die Formel schlicht, dass man nur, wenn $E = \hbar \cdot f$ erfüllt ist, die Strahlung eines Körpers physikalisch korrekt beschreiben kann. Das nun lässt die Zuhörer etwas konsterniert zurück, wobei „konsterniert" noch ein milder Ausdruck ist. Obwohl Plancks Messdaten kaum Überraschendes enthielten, wiewohl auch an seinen mathematischen Ableitungen nichts auszusetzen ist, führen sie zu einem Befund, der einigermaßen als Unsinn erscheint: Er widerspricht dem Weltbild der Physik vollkommen.

Dieser Meinung ist auch Planck selbst. Er betont, dass seine Formel offenbar nur ein „heuristisches" Ergebnis sein könne. Eine Art „Schätzung", eine Methode, wie man die Dinge offenbar richtig berechnen könnte, ohne dass es dafür eine reale Grundlage gäbe. Die Formel sei sicher falsch, sagt Planck unumwunden, das wisse er wohl. Irgendwo habe sich ein fataler Fehler eingeschlichen. Er präsentiere das Ganze bloß in der Hoffnung, ein Kollege werde den Fehler finden, der ihm verborgen blieb. Damit endet sein Referat.

Über hundert Jahre sind seit Max Plancks Vortrag vergangen, und noch immer hat den ominösen Fehler niemand gefunden. Heute wissen wir, dass der „Fehler" in Plancks Ableitungen nicht existiert. Plancks „heuristische" Formel ist schlicht und einfach korrekt. Sie gibt eine fundamentale Tatsache der Natur wieder.

Am 14. Dezember 1900 erblickte aus heutiger Sicht die *Quantentheorie* das Licht der Welt: das dritte große Erklärungsmodell der modernen Physik neben der *Relativitätstheorie* und der *Atomtheorie*. Diese drei Theoriegebäude machten die klassischen Vorstellungen der Jahrhunderte davor zunichte und bilden den Kern dessen, was heute zu Recht als die „neue Physik" des 20. Jahrhunderts bezeichnet wird. Sie haben alle früheren Vorstellungen weitgehend umgedreht, im Sinn des Wortes „revolutioniert".

Plancks eigene Skepsis und die seines Publikums zur Jahrhundertwende gegenüber der Formel ist leicht zu verstehen: Zu diesem Zeitpunkt war man unumstößlich der Überzeugung, dass Licht und alle weitere, verwandte Strahlung ein Wellenphänomen sei. Schon Christiaan Huygens oder etwa Christian Doppler hatten dazu die unbezweifelbaren empirischen Befunde geliefert.

Dass Licht eine Welle sein *muss*, kann man sich auch ohne jede Physik sehr leicht klarmachen: Stellen Sie sich vor, es ist tiefschwarze Nacht, Sie befinden sich irgendwo im Freien, und noch dazu regnet es kräftig. Unangenehm. Aber zum Glück haben Sie unter einem soliden Dach Schutz gefunden, unter dem Sie nun stehen. Es gibt keine Seitenwände, nur das Dach – vielleicht eine Futterkrippe für Wildtiere oder Ähnliches. Der Regen prasselt auf das Dach und rinnt an seinen Kanten zu Boden. Alles ist patschnass, aber unter dem Dach bleiben Sie trocken, weil von all dem Wasser nichts in den Raum darunter vordringen kann, wenn das Dach nicht gerade ein Loch hat, was wir nicht annehmen. Das feste Dach blockiert die Wassertropfen vollständig.

Um das zu wissen, brauche ich keine Physik und keine Wissenschaft, werden Sie jetzt sagen. Das war ja den Leuten schon in der Steinzeit bekannt. – Sie haben recht. Darin besteht oft das Wunderbare an vielen wissenschaftlichen Erkenntnissen: Eigentlich weiß es jeder. Im Kern sind sie ganz einfach, man muss nur ein wenig weiter denken.

Nehmen wir nun an, über dem Dach befindet sich ein Scheinwerfer, der plötzlich eingeschaltet wird. Der Scheinwerfer strahlt von oben auf das Dach hinunter. Sein Licht „fällt" auf das Dach, gerade so wie eben noch der Regen. Hält das Dach aber das Licht ebenso vollständig vom Raum darunter fern, wie es den Regen abhielt? Natürlich nicht. Es wird unter dem Dach zwar dunkler sein als darüber, wo der Scheinwerfer direkt hinstrahlt. Aber ein wenig wird es auch darunter hell werden. Das Licht über dem Dach scheint unter das Dach herein. Und das liegt nicht an dessen Undichte oder Ähnlichem, sondern: Licht wird von einem Hindernis nicht vollständig abgeblockt. Das ist eine seiner fundamentalen Eigenschaften. – Weiß doch jeder, meinen Sie jetzt vielleicht. Aber warum?

Solche Fragen stellen üblicherweise nur Kinder. Oder Physiker. Es sind aber oft die entscheidenden Fragen. Warum also wird Licht von einer – nennen wir es eine Blende – nicht vollständig abgeblockt, sondern dringt immer auch hinter die Blende vor, im Gegensatz zum Regen? – Der Grund muss offenbar darin liegen, dass Licht ein ganz anderes Phänomen darstellt als ein Teilchenstrahl, wie ihn der Regen bildet.

Die Alternative zur Teilchentheorie des Lichts ist die *Wellentheorie*: Wellen dringen immer auch hinter eine Blende vor. Das wiederum sieht man sofort an dem Teich, der in diesem Buch schon öfter zitiert wurde: ein Steinchen ins Wasser geworfen, und die Welle breitet sich kreisförmig aus. Irgendwo trifft sie auf ein Hindernis, ein Brett, das dort montiert ist. Sofort ist zu sehen: Die Schwingung dringt auch hinter das Brett vor, in kreisförmigen Wellen, welche die beiden Endkanten des Bretts als Mittelpunkt zu haben scheinen. Physiker nennen das „Beugung". Licht wird an Hindernissen gebeugt", und das ist einer der schlagenden Beweise, dass Licht kein Teilchenstrahl sein kann – wie der Regen etwa oder ein Sandstrahl: Diese werden von einer Blende tatsächlich blockiert. Licht muss ein Wellenphänomen sein. So einfach kann man sich das an jedem Teich überlegen.

Es gibt noch weitere „wasserdichte" Beweise: die Brechung des Lichts etwa, die Tatsache, dass Licht abgelenkt wird, wenn es von einem Medium in ein anderes übertritt. Schon Galilei und Huygens konstruierten Fernrohre aus geschliffenen Glaslinsen, die diesen Effekt ausnutzen. Bis zum Jahr 1900 waren Millionen dieser Geräte gebaut worden: für Astronomen, für Seeleute und auch in der Form des Opernguckers für Theaterbesucher, außerdem noch Mikroskope und ganz normale Brillen. Sie alle funktionieren ausnahmslos, wie wir wissen. Sie können aber nur funktionieren, wenn Licht am Glas gebeugt wird und somit eine Welle ist.

Daran gab es im Jahr 1900 also nicht den geringsten Zweifel, zumal James Clerk Maxwell auch noch die glasklare Mathematik geliefert hatte, die Formeln, die das wiedergaben. Die Physik schien in diesem Punkt perfekt und unwiderlegbar, es konnte einfach kein Zweifel bestehen: Licht hat nichts mit Teilchen zu tun, sondern ist eine Welle.

Zurück zu Max Planck und seinem „Wirkquantum". Sieht man sich Plancks Formel, $E = \hbar \cdot f$, *Energie ist gleich Frequenz f mal dem Wirkquantum $\hbar$*, nur kurz an, sieht man sofort, was ihrem Schöpfer und seinen Zuhörern daran sehr missfallen musste: Energie ist gleich Frequenz mal irgendeiner festen Zahl. Das bedeutet: *Diese Energie ist immer ein Vielfaches dieser Zahl $\hbar$, des Wirkquantums*. Sie kann nicht beliebige Werte

annehmen, wie man glauben sollte, sondern tritt in „Paketen"
auf, wobei es ein kleinstes Paket gibt, das Wirkquantum $\hbar$
eben. Und größere Werte sind immer ein Vielfaches dieses
Grundpaketes.

Jetzt höre ich schon wieder manchen Professor rufen: Das
stimmt so nicht, das ist komplizierter. Er hat recht. Es geht aber
um den Grundgedanken, und der stimmt dann doch.

„Pakete" also. Licht, zumindest seine Energie, tritt in Paketen
auf. Sie ist irgendwie „körnig". Das einzelne Paket ist bloß so
winzig, dass wir im Alltag davon nichts bemerken. Wir merken
im Normalfall ja auch nicht, dass etwa Wasser, dass alle Materie
aus Atomen besteht, weil sie dazu viel zu klein sind. Dennoch
lässt Plancks Formel nur einen Schluss zu: Licht besteht in einer
damals unbegreiflichen Weise aus „Körnern". Aus winzigen,
nichtsdestotrotz einzelnen „Paketen". Anders gesagt: aus Teilchen – so wie Regentropfen, die auf das Dach prasseln, oder ein
Strahl aus Sandkörnern.

Doch das konnte nicht sein. Licht war elektromagnetische
Schwingung, eine Welle, wie jedermann wusste und weiß, der
schon einmal unter einem Dach gestanden ist. Plancks Formel
widersprach der Wellentheorie des Lichts. Die Formel samt dem
Wirkungsquantum „$\hbar$" einerseits und das Wesen des Lichts als
Welle andererseits waren unvereinbar. Planck sagte das im Jahr
1900 denn auch: Seine Gleichung sei wohl falsch, aber er hoffe,
jemand werde den Fehler finden, was ihm leider nicht gelungen
war.

Der Rest der Geschichte ist rasch erzählt: Im Jahr 1905 gab
Albert Einstein den „Paketen" einen Namen: *Photonen*. Der damals 26 Jahre junge Einstein nahm an, dass es die Pakete, die
Planck berechnet hatte, an die er aber nicht glauben wollte,
doch gab und nicht bloß eine geisterhafte „heuristische" Annahme waren. Dafür hatte Einstein triftige Gründe. Er berief
sich nämlich auf ein anderes, damals ungeklärtes Phänomen,
den photoelektrischen Effekt: Licht kann unter gegebenen Um-

ständen aus einem Material Elektronen herausschlagen. Wir nützen das heute in photovoltaischen Anlagen, die aus Sonnenlicht direkt elektrischen Strom produzieren. Bekanntlich sind sie eine der großen Hoffnungen für die zukünftige Energieversorgung der Menschheit. Das wusste man 1905 noch nicht, aber der Effekt war schon bekannt. Und Einstein sah, dass Plancks Quanten ihn erklären würden – unter der Voraussetzung freilich, dass sie wirklich existierten, dass Licht aus Photonen bestand.

Seither schlägt die Physik sich mit dem oft zitierten „Welle-Teilchen-Dualismus" herum, also mit der Tatsache, dass Licht, dass Strahlung sich manchmal als Welle ausgibt, bei anderen Gelegenheiten aber so tut, als würde sie aus Teilchen bestehen. Jedenfalls markiert das den eigentlichen Beginn der Quantentheorie. Übrigens erhielt Einstein für diese Arbeit, für die Photonentheorie – nicht für die Relativitätstheorie, wie viele glauben – 1921 den Physik-Nobelpreis.

Andere Physiker erweiterten den Welle-Teilchen-Dualismus weiter. Der Amerikaner Robert Andrews Millikan (1868–1953) wäre zu nennen, der in mehreren Versuchen um 1916 herum die Photonentheorie experimentell genauer unter die Lupe nahm. Er konnte in verschiedenen Tests Einsteins Berechnungen haarklein, folglich mit größtmöglicher Genauigkeit bestätigen. Immerhin blieb indes das unerklärliche Welle-Teilchen-Wechselspiel vorerst auf das Licht und auf Strahlung beschränkt. Der Durchbruch gelang schließlich dem jungen französischen Physiker Louis de Broglie, von dem Sie im übernächsten Kapitel Näheres erfahren werden. Dessen Erkenntnisse stellten einen entscheidenden Schritt zur Quantenmechanik von Werner Heisenberg, Niels Bohr, Max Born, Wolfgang Pauli, Erwin Schrödinger, Paul Dirac und wie sie alle heißen, dar.

Zurück zu Max Planck, der im Jahr 1900 seiner eigenen Formel – aus sehr guten Gründen – nicht glauben wollte. Als Einstein 1905 neben der Speziellen Relativitätstheorie auch seine Photonentheorie (und eine Arbeit zur Atomtheorie) publizierte, erkannte Planck sofort das herausragende Talent des damals gänzlich unbekannten jungen Mannes. Einstein werkte im Hauptberuf als einfacher technischer Sachbearbeiter am Schweizer Patentamt in Bern, hatte noch nicht einmal dissertiert (eine Doktorarbeit war abgelehnt worden) und betrieb Physik zwangsläufig als Hobby.

Als einer der ersten nahm Planck Kontakt zu Einstein in Bern auf und öffnete ihm – gemeinsam mit Hendrik Lorentz – die akademischen Tore. Die Photonentheorie indes, die immerhin sein, Plancks, Konzept der Wirkquanten fortführte, kommentierte der Erfinder des Ganzen so: „Mir scheint gegenüber dieser Theorie die größte Vorsicht geboten. Wir würden dadurch um Jahrhunderte zurückgeworfen. All die Errungenschaften, die stolzesten Erfolge der Physik und der Wissenschaft würden preisgegeben, um einiger recht anfechtbarer Betrachtungen willen."

Fünf Jahre später, zehn Jahre nach Plancks Vortrag in der Physikalischen Gesellschaft Berlin, begann sich das Quantenkonzept immer massiver durchzusetzen. Planck wollte es noch immer nicht wahrhaben: „Bei der Einführung der Wirkungsquanten in die Theorie ist so konservativ wie möglich zu verfahren", mahnte er die junge, vom neuen Geist beseelte Physikergeneration. „An der bisherigen Theorie sollen nur die Änderungen vorgenommen werden, die sich als unumgänglich erweisen."

Noch kurioser wurde es 1914. Planck lotste Einstein schließlich an die königlich-preußische Akademie, das Mekka der neuen Physik in Berlin, zu deren Präsident er aufgestiegen war. In seinem Antrag empfahl er den Vorstandskollegen Einstein als „großartigen Wissenschafter" und schrieb: „Dass er in seinen Spekulationen gelegentlich auch über das Ziel hinaus geschossen haben mag, wie etwa in seiner Lichtquantenhypothese, wird man ihm nicht allzu sehr anrechnen dürfen. Ohne ein Risiko zu wagen, lässt sich auch in der exaktesten Wissenschaft keine Neuerung einführen."

1918 erhielt Planck den Nobelpreis für seine Erkenntnisse – denen er weiterhin nicht glaubte. Noch 1931 bezeichnete er rückblickend seine Erfindung der Quanten als einen „Akt der Verzweiflung" und als „rein formale Annahme, bei der ich mir nicht viel dachte, sondern eben nur, dass ich unter allen Umständen ein Resultat herbeiführen musste".

Wäre er nicht am 4. Oktober 1947, fast 90 Jahre alt, gestorben, wer weiß, Max Planck würde vielleicht noch immer nach dem „fatalen Fehler" suchen, der ihm einst bei seiner Formel passiert ist …

Pauli –
die Geschichte eines Platzanweisers

Um den österreichischen Physiker Wolfgang Pauli, geboren am 25. April 1900 in Wien-Döbling als Sohn eines Arztes, ranken sich unzählige Anekdoten. Eine davon erlaubt einen kleinen Einblick in das Wesen dieses Mannes, der im markanten Jahr 1945 den Nobelpreis für Physik erhalten sollte. Davon ahnte in den „goldenen" Zwanzigerjahren freilich noch niemand etwas – im Gegenteil. In Physikerkreisen galt Pauli als vorlaut, kritisch und ein wenig übergenau. Als ein Kollege einmal seine neuesten Ergebnisse referierte, aber einbekannte, dass manches vorerst nur ungefähr stimmte, stand Pauli auf und schritt zur Tafel. Mit Kreide zeichnete er ein Rechteck und rief aus: „Sehen Sie, dies ist ein Bild von Rembrandt. Vorerst nur ungefähr!"

Der Wiener, der zeit seines Lebens eng mit dem Studienkollegen Werner Heisenberg befreundet blieb, war von Anfang an auch zu den berühmten Solvay-Konferenzen geladen: jenen Kongressen, bei denen die Garde der jungen Quantenphysiker ihre neuen Ideen am älteren und weltberühmten Albert Einstein erprobte. Bis heute ist sein Name mit mehreren Erkenntnissen der modernen Physik verbunden, darunter mit der „Pauli-Gleichung". Neben seinen wissenschaftlichen Leistungen gab der Forscher noch einer seltsamen Erscheinung seinen Namen: dem sogenannten „Pauli-Verbot".

Was haben wir uns darunter vorzustellen? Das Pauli-Verbot ist ein Grundprinzip der Natur, das den Formeln der Quantentheorie, den Wellengleichungen, erst einen Sinn gibt.

In der modernen physikalischen Theorie sind Teilchen nicht einfach Teilchen – nicht so etwas wie extrem verkleinerte Sandkörner beispielsweise. Elementarteilchen, jene kleinsten Bausteine, aus denen alles Weitere besteht, sind irgendwie völlig anders. Sie sind so anders, dass man sich ihr eigentliches Wesen nicht vorstellen kann. Zum Trost für uns alle: Auch die besten und berühmtesten Quantenphysiker können das nicht. Elementarteilchen sind von einer Konsistenz, die mit absolut nichts, das wir kennen, irgendeine Ähnlichkeit hat.

Um zumindest irgendein Bild zu haben, behilft man sich mit Vergleichen. Dabei trifft es sich gut, dass die Natur doch ein wenig Mitleid mit unserer begrenzten menschlichen Vorstellungskraft zeigt. Es erweist sich, dass die Elementarteilchen – die Elektronen, Neutronen, Protonen und wie sie alle heißen – sich bei manchen Gelegenheiten so ähnlich verhalten, als wären sie tatsächlich Teilchen: verkleinerte Sandkörner eben. Bei anderen Gelegenheiten wiederum erwecken sie den Eindruck, als wären sie so etwas Ähnliches wie Wellen, simple Wasserwellen etwa. Als „Welle-Teilchen-Dualismus" ging diese Beobachtung in die Geschichte der Physik ein.

Der Ausdruck ist etwas irreführend, denn, wie gesagt, Elementarteilchen sind weder Wellen noch Teilchen. Sie sehen nur manchmal so ähnlich aus. Und von irgendeinem Dualismus, einer Doppelnatur ist schon gar keine Rede. Tatsächlich können die fundamentalen Bausteine durch mathematische Formeln beschrieben werden, und diese Gleichungen sind völlig klar und eindeutig. Nichts daran ist doppeldeutig oder dual. Die Formeln liefern Zahlen, und diese Zahlen drücken die Beschaffenheit und den aktuellen Zustand des Elementarteilchens aus. Sie heißen *Quantenzahlen.*

Doch zurück zum Pauli-Verbot. Es besagt:

> Es ist verboten, dass im Atom zwei Elektronen in allen Quantenzahlen übereinstimmen.

Auf gut Deutsch: die beiden Elektronen müssen sich in mindestens einer Eigenschaft unterscheiden.

Im Detail gibt es mehrere Quantenzahlen. Da wäre im Fall des Elektrons erst einmal die Hauptquantenzahl, manchmal auch Bahnzahl genannt. Die zweite Bezeichnung stammt von der Vorstellung, die Elektronen würden in Bahnen um den Atomkern kreisen, so ähnlich wie etwa Planeten um die Sonne. Diese Bahnen hätten dann verschiedene Entfernungen vom Kern, gleich den Planeten, und würden mittels der Bahnzahl nummeriert.

Diese ganze Vorstellung ist falsch. Sie stellt ein weiteres der unzutreffenden, aber eventuell hilfreichen Bilder dar, die wir uns von einer ganz und gar unanschaulichen Realität zu machen versuchen. Die Elektronen kreisen nicht, sie tun das weder in noch außerhalb von Bahnen. Jedes Elektron umgibt den Kern wie eine Art Kraftfeld.

Die Quantenzahlen, auch die Hauptquantenzahl, drücken Energieniveaus aus: je höher die Zahl, desto höher die Energie. Weitere der ominösen Quantenzahlen sind dann beispielsweise die Nebenquantenzahl, der Bahndrehimpuls oder der Eigendrehimpuls, der Spin. Warnung – wiederum gilt: Dabei findet keine „wirkliche" Rotation des Teilchens statt. Diese Namen erinnern wieder nur an unsere Vorstellungen aus dem Alltag. Die Sache ist ziemlich heimtückisch, nicht?

Ein letztes Detail ist noch zum Verständnis des Pauli-Prinzips nötig: Die Quantenzahlen drücken Energieniveaus aus. Und alle Teilchen haben die Tendenz, möglichst den Zustand geringster Energie einzunehmen. Bildlich ausgedrückt: Sie „fallen" in die unterste Bahn, die eben das niedrigste Energieniveau repräsentiert. Doch genau das verhindert das Pauli-Verbot: Es ist verboten, dass im Atom zwei Elektronen in allen Quantenzahlen übereinstimmen.

Man könnte es mit der Situation in einem Konzertsaal vergleichen: Die Zuhörer sitzen wohlgeordnet in ihren Rängen, Parketten und Logen, in Reihen und Spalten, jeder auf seinem Stuhl. Pauli hat jedem seinen Platz zugewiesen und sorgt dafür, dass er auch dort bleibt. Und dieser Platzanweiser ist absolut unerbittlich. Zumindest trifft das auf klassische Konzerte zu. Bei Pop-Konzerten soll es ja manchmal anders sein. Die Besucher haben die Tendenz, sich allesamt im Raum unmittelbar vor der Bühne zu drängen. Den könnte man dann mit dem „tiefsten Energieniveau" identifizieren. Ein Pop-Konzert bildet sozusagen ein Ereignis ohne Pauli-Verbot. Entsprechend wild geht es dort mitunter zu.

Das Pauli-Prinzip sorgt für die Stabilität der Elektronenhülle des Atoms. Diese wiederum ist für die chemischen Beziehungen zwischen Atomen verantwortlich: für die Art und Weise, wie sie sich zu Molekülen zusammenfügen. Chemie besteht im Austausch von Elektronen zwischen den beteiligten Atomen, im Normalfall der äußersten, der energiereichsten Elektronen.

Das kann aber nur funktionieren, solange die Elektronen da bleiben, wo sie hingehören: auf ihren zugewiesenen Bahnen, sprich den verschiedenen Energieniveaus. Gäbe es das Pauli-Verbot nicht, gäbe es keine Chemie, keine je unterschiedlichen chemischen Eigenschaften der verschiedenen Elemente und keine Moleküle. Alle Elektronen würden in der gleichen untersten Bahn, dem tiefsten Energieniveau landen, und ihr Austausch wäre beendet. Die ganze Vielfalt der Chemie würde verschwinden. Wie grau unsere Welt damit wäre und welch fatale Auswirkungen das auf unser Wirtschaftsleben hätte, möchte ich mir gar nicht ausmalen.

Wasser mit der chemischen Formel H_2O ist vielleicht das berühmteste Molekül und sicher das für uns nützlichste. H_2, das bedeutet zwei Wasserstoff-Atome, O eines des Elements Sauerstoff. Anders gesagt: Ohne Pauli-Verbot existierte kein Wasser im Universum. Indes würden wir davon nichts bemerken. Denn auch der Mensch besteht aus Molekülen, aus sehr komplizierten sogar, und ohne Pauli-Verbot wären wir gar nicht da.

Schon im 19. Jahrhundert war den Chemikern aufgefallen, dass sich manche Elemente in ihren chemischen Eigenschaften ähneln. Diese Verwandtschaften gehen so weit, dass sich die exakt 92 verschiedenen Grundstoffe in einem Schema anordnen lassen: in den Reihen und Spalten einer Tabelle – dem bekannten Periodensystem. Die Zahlen der Quantentheorie in Verbindung mit dem Pauli-Verbot, das der gebürtige Österreicher 1924 entdeckte, lieferten dafür die Erklärung.

Das Pauli-Verbot blieb nicht der einzige Beitrag dieses Österreichers zur modernen Physik. Insbesondere durch die Vorhersage eines neuen, unbekannten Teilchens, des *Neutrinos*, trug er sich ein weiteres Mal in die Ehrentafel der Wissenschaft ein.

Wolfgang Pauli starb am 15. Dezember 1958 in seiner Wahl-Heimatstadt Zürich.

De Broglie –
sein unbegreiflicher Dualismus

1924 legte der französische Physikstudent Louis de Broglie (1892–1987) seine Dissertation vor. Die nachher berühmt gewordene Doktorarbeit brachte ihm dann nicht nur den ersehnten akademischen Titel ein, sondern 1929, acht Jahre nach Einstein, auch gleich den Physik-Nobelpreis – offenbar begann das Nobelpreiskomitee etwas schneller auf die umwälzenden Neuerungen zu reagieren.

De Broglie wies nach, dass nicht nur Wellen Teilcheneigenschaften, sondern dass auch Teilchen Welleneigenschaften haben können. Im Prinzip war das noch unerhörter: Bei den Lichtteilchen hatten immerhin Plancks Wirkquanten so etwas wie Vorarbeit geleistet. Wenn Planck 1900 von „Wellenpaketen" sprach, dann konnte man vielleicht noch auf die Idee kommen, dass diese Pakete irgendwie auch real – als Pakete – existieren konnten. Außerdem ist Licht an sich eine etwas rätselhafte und ungreifbare Erscheinung. Es konnte vielleicht Verhaltensweisen an den Tag legen, die man nicht erwartete.

Umgekehrt ist das noch stärkerer Tobak: Objekte, die man klar als Teilchen identifiziert, die die feste, greifbare Materie aufbauen, können Eigenschaften von Wellen haben! Objekte, an denen man sich recht schmerzhaft das Schienbein oder auch den Kopf anschlagen kann – all diese feste, stabile Materie, die Welt der Gegenstände, die uns umgibt –, können sich unter bestimmten Umständen wie Wellen verhalten?

Und doch ist es so, Materiepartikel benehmen sich mitunter wie Wellen. Wie sie das tun, ist schwer vorstellbar, aber an der Tatsache führt kein Weg vorbei. Konkret handelte es sich vorerst um Elektronen: Man hatte entdeckt, dass einander überlagernde Elektronenstrahlen Interferenzmuster erzeugen können. Werden zwei harte Teilchen, wie zum Beispiel zwei Elektronen, mit großer Geschwindigkeit aufeinander geschleudert, so sollten sie wie zwei Billardkugeln voneinander abprallen. Sie sollten sich wie feste Objekte verhalten. Fällt ein Objekt mit einer bestimmten Größe durch ein Loch, das ungefähr dieselbe Größe wie das Objekt hat, so wird es durchfallen und unten an einer Stelle landen. Lässt man 10 Mal ein solches Objekt durch das gleiche Loch fallen, sollten sich unten alle Teilchen wieder treffen und auf einem Haufen liegen. Es gibt ja keinen Grund, warum sich die Teilchen nach rechts oder nach links bewegen sollten. Das würde man erwarten.

Tatsächlich passiert aber etwas anderes. Die Teilchen befinden sich nicht an einem Ort, sondern entlang einer Linie verteilt gibt es Orte, an denen sich viele Teilchen befinden, und Orte, an denen sich überhaupt keine Teilchen befinden. Das Verteilungsmuster ist identisch mit dem Muster, das man erhält, wenn man ein Lichtteilchen durch ein kleines Loch hindurchlässt. Beim Licht sagt man, dass an den Rändern des Lochs – PhysikerInnen nennen es einen Spalt – eine Wellenfront entsteht. Da man bei einem Spalt zwei Wellenfronten hat, können sich diese Wellenfronten überlagern. Dort, wo sich die Wellenfronten überlagern, wo sie miteinander interferieren, sieht man dann echte Lichtteilchen. Die Überlagerung der Wellenfronten wird als Interferenzmuster bezeichnet. Diese Wellenfronten können aber nur dann entstehen, wenn man Wellen beobachtet – glaubte man.

Interferenzmuster sind signifikant, und Physiker können ihre konkrete Ausformung natürlich auch berechnen. Sie sind klar identifizierbar, und sie sind ein unumstößlicher Beweis für Wellen: Wie sollten Teilchen solche Muster erzeugen können, wenn sie doch bestenfalls zusammenprallen, aber sicher nicht ineinander fließen können? Darin besteht ja neben vielem anderen einer der offensichtlichen Unterschiede zwischen Teilchen und Wellen:

Bei Teilchen kann zu einer bestimmten Zeit an einem Ort immer nur eines sein. Kommt ein zweites hinzu, schubst es das erste weg. Teilchen verdrängen einander. Noch nie waren zwei Billardkugeln zur gleichen Zeit am selben Ort. Man könnte einwenden, bei Flüssigkeiten sei das vielleicht anders. Ist es aber nicht: Gießt man in einen halbvollen Topf weiteres Wasser hinzu, dann steigt der Wasserspiegel. Auch Wassermoleküle können also nicht gleichzeitig am selben Ort sein, sondern benötigen jedes für sich den ihm zustehenden Platz. Deshalb wird das Wasser im Topf mehr.

Bei Wellen ist das anders, sie können sich sehr wohl *gleichzeitig* am gleichen Ort befinden. Dann überlagern sie sich und bilden eben das signifikante und unverwechselbare Interferenzmuster.

Das Erstaunliche war nun, dass auch Elektronen oder andere feste Teilchen diese Interferenzmuster produzieren können. Konkret macht man das etwa mittels zweier benachbarter Spalten, weshalb auch vom „Doppelspalt-Experiment" die Rede ist. Ein beliebiges Objekt – eine Welle oder ein Teilchen – geht durch den Doppelspalt hindurch. Eine Welle wird hinter dem Doppelspalt nun ein Interferenzmuster erzeugen, das man etwa auf einem Schirm sichtbar machen oder auch dauerhaft auf ein Foto bannen kann. Das beruht darauf, dass die Wellen, die durch die beiden Spalten in den Raum hinter der Blende eingedrungen sind, sich wieder im Raum ausbreiten, und zwar im ganzen Raum: Sie werden *gebeugt*.

Doch Elektronen, wenn sie sich mit einer ausreichend hohen Geschwindigkeit bewegen, erzeugen eben doch Interferenzmuster. Einige Zeit lang galt das als vollkommen unbegreiflich: Elektronen können die Eigenschaften von Wellen besitzen – nämlich ein Interferenzmuster erzeugen. Louis de Broglie nahm sich dieses Themas an. Er rechnete die Sache durch, ohne sich viel darum zu kümmern, was man sich unter all dem vorstellen sollte, sondern konstruierte gleichmütig Formeln, die den Sachverhalt, die Messergebnisse wiedergaben. Und siehe da, seine Formeln fielen weitgehend analog zu Einsteins Photonengleichungen aus! De Broglie nahm dann kurzerhand an, wenn das für Elektronen funktionierte, warum nicht auch für andere „Elementar"-Teilchen? Warum nicht gerade so gut für Protonen, Neutronen und wie sie sonst noch heißen mögen? Und es funktionierte: Zu jedem dieser Teilchen gab es eine Gleichung, die die Welleneigenschaften des betreffenden Teilchens repräsentierte.

Seither schlagen die Physiker sich mit dem „Welle-Teilchen-Dualismus" herum, wie sie ihn nannten. Ein Name war ja wieder einmal schnell gefunden, auch wenn erneut niemand wusste, was das sein soll, dieser „Welle-Teilchen-Dualismus", wie der zustande kommen sollte, jenseits der reinen Formelwerke, die ihn indes präzise wiedergaben ... Der Dualismus ist ein universelles Phänomen. Er scheint immer zuzutreffen, er betrifft jegliche Entität im Universum: Sie ist zugleich oder abwechselnd, oder alternierend, oder gleichzeitig, wie man will, Welleneigenschaften und Teilcheneigenschaften. Jede Welle auf elementarer Ebene zeigt Eigenschaften von Teilchen und Wellen, zugleich zeigt ein Teilchen die Eigenschaft eines Teilchens und die Eigenschaften einer Welle.

Der Welle-Teilchen-Dualismus ist immer und überall, das steht fest. Doch was ist dann nun wirklich? Aus heutiger Sicht kann man wohl sagen: Es gibt ihn nicht. Es gibt keine Wellen, die Teilchen werden oder umgekehrt. Wenn Sie den obigen Text genau gelesen haben, werden Sie feststellen, dass sehr oft von den Welleneigenschaften oder von Teilcheneigenschaften gesprochen wurde. Das Elektron ist keine Welle wie eine Wasserwelle und das Photon ist kein Teilchen. Aber trotzdem können diese Teilchen Eigenschaften besitzen, die sie eigentlich nicht haben sollten. Der Welle-Teilchen-Dualismus ist eine Art Hilfsannahme, ein pädagogisches Konstrukt, ein Bild, das auch heute noch gern verwendet wird, weil es etwas doch ein wenig anschaulich macht, das anders einfach nicht anschaulich zu machen ist.

Elementarpartikel auf Quantenebene sind weder Teilchen noch Wellen. Sie sind irgendetwas völlig anderes. Etwas, das wir nicht kennen, nicht benennen, uns nicht vorstellen können und wofür wir auch keinen Vergleich finden. Wir haben das einfach noch nie gesehen. Wir sehen nur die Effekte. Und von diesen her kann man sagen, dass die „Dinger" sich manchmal so verhalten wie dasjenige, welches wir üblicherweise als Wellen kennen – und bei anderer Gelegenheit wie das, was man sonst einem Teilchen, einem Korn zuordnen würde. Wann was passiert, ist übrigens in den Formeln präzis definiert, es gibt deshalb kein Problem, die Effekte zu berechnen. Aber wenn man versucht, das mit etwas Bekanntem zu vergleichen, dann sieht es eben einmal wie eine Welle, ein anderes Mal wie ein Teilchen aus. In Wirklichkeit ist es weder das eine noch das andere, sondern etwas Unvorstellbares, Unbegreifliches, das sich aber durch die Formeln der Mathematik leicht fassen lässt.

Man kann sich leicht ja klarmachen, dass Quanten – nehmen wir als Beispiel die zuerst entdeckten Photonen – keine Teilchen sein können: Wenn ein Teilchen irgendwo einschlägt, dann überträgt es seine Bewegungsenergie, und die produziert an der Einschlagstelle beispielsweise einen Krater. Ein winziger kleiner Krater, wenn die Energie klein ist, ein größerer Krater bei größerer Energie, es kann auch ein gehöriger Krater werden, wenn die Energie nur groß genug ist. Den Fall, dass ein Loch entsteht, lassen wir beiseite – da gibt es noch zusätzliche Effekte, die im Moment keine Rolle spielen sollten.

Die Energie, die beim Aufprall freigesetzt wird und den Krater erzeugt, hängt ganz klar von der Masse des Projektils und von seiner Geschwindigkeit ab. Das wissen wir alle, und das weiß auch die Physik. Konkret lautet die Formel $E = \frac{1}{2} \cdot mv^2$: *Energie ist gleich einhalb mal Masse mal Geschwindigkeit zum Quadrat.* Newton hat das ausgerechnet.

Wie die Formel zeigt, ist die Geschwindigkeit dabei wichtiger als die Masse und spielt eine größere Rolle. Mit der Masse steigt die Energie linear an: doppelte Masse – doppelte Energie, dreifache Masse – dreifache Energie usw. Mit der Geschwindigkeit wächst die Zerstörungskraft allerdings quadratisch: doppeltes Tempo – vierfache Energie, dreifaches Tempo – neunfache Energie, zehnfache Geschwindigkeit – schon 100-fache Energie usw. Im Alltag unterschätzt man oft diesen enormen Energiezuwachs bei steigender Geschwindigkeit. Er ist der Grund, warum eine recht winzige Gewehrkugel, die mit der Hand geworfen wird, kaum jemanden auch nur wenig verletzen kann. Kommt sie jedoch aus einem Gewehrlauf mit einer Geschwindigkeit von tausend und mehr Stundenkilometern, dann richtet sie enorme Zerstörungen an, durchschlägt mühelos Knochen oder sogar Panzerungen. Die Geschwindigkeit ist viel wichtiger als die Masse.

Ein anderes Beispiel sind Meteoriten, die auf der Erde einschlagen. Diese Geschosse aus dem All sind gar nicht so immens groß, also massereich. Einige Tonnen sind schon recht heftig. Das wäre also nicht so dramatisch viel. Aber diese Brocken sind eben wirklich schnell, sie erreichen ohne Weiteres 100.000 km/h und noch viel mehr, wenn sie auf die Erde treffen. Sobald er also so groß ist, dass er nicht vollständig in der Erdatmosphäre verglüht und die Oberfläche des Planeten erreicht, kommt es auf die Masse gar nicht mehr so sehr an. Das Tempo macht die Energie aus und den Krater, den der Brocken erzeugt. Ein größeres dieser Geschosse kann ganze Landstriche auf einen Schlag vollständig verwüsten. Eines der größten, das die Erde je getroffen hat, hat vor zirka 65 Millionen Jahren Hunderte Meter hohe Flutwellen quer über ganze Kontinente und dann einen jahrzehntelangen tiefen Winter ausgelöst: Durch den Staub, den es aufwirbelte, war der ganze Himmel buchstäblich verdunkelt. Sie haben vielleicht davon gehört: Die Energie, die bei einem solchen Einschlag eines kosmischen Geschosses frei werden kann, entspricht der von Hunderttausenden und Millionen gleichzeitig detonierender heutiger Atombomben. Und das alles, obwohl der Brocken im Vergleich zum Planeten Erde ja noch nicht einmal die Größe eines

Staubkorns hat. Es ist eben das Tempo, das beim Aufprall den Ausschlag gibt.

Nach diesem kleinen Ausflug zurück zu unseren Teilchen-Welle-Quanten. Die Bewegungsenergie eines bewegten Teilchens ist also die Hälfte der Masse mal der Geschwindigkeit zum Quadrat. So weit, so einfach und auch so plausibel.

Sehen wir uns nun ein Photon, ein Lichtteilchen an: Seine Masse ist schlicht und einfach null. Exakt null Komma null. In die Formel $E = \frac{1}{2} \cdot mv^2$ eingesetzt, ergibt das natürlich null, denn null mal was auch immer bleibt immer null. Demnach hätte ein Photon als Teilchen exakt gar keine Energie. Da nützt ihm auch seine hohe Lichtgeschwindigkeit nichts.

Aber Vorsicht: Man kann schnell einmal in eine Formel einsetzen – aber dürfen wir das überhaupt? Natürlich kann man schnell einmal in eine Formel einsetzen, aber erhalten wir auch ein richtiges – ein vernünftiges – Ergebnis? Im obigen Absatz haben wir in $E = \frac{1}{2} \cdot mv^2$ eingesetzt. Für welche Geschwindigkeiten gilt diese Formel eigentlich? Würden wir nur die Erkenntnisse von Newton kennen, würde diese Formel für alle Geschwindigkeiten und Massen gelten. Aber seit Einstein wissen wir, dass man etwas aufpassen muss. Die Formel $E = \frac{1}{2} \cdot mv^2$ gilt *nur* für Geschwindigkeiten, die sehr viel geringer sind als die Lichtgeschwindigkeit. Also sollte man diese Formel für extreme Geschwindigkeiten meiden.

Der lichtelektrische Effekt ist der beste Beweis dafür, dass Lichtteilchen dennoch eine Energie haben: Licht schlägt Elektronen aus Atomen heraus. Laserkanonen etwa sind einstweilen noch Science Fiction, aber durchaus keine Fiktion: Man kann solche Geräte durchaus bauen, sie sind bloß vorläufig sehr teuer, dazu schwer zu handhaben, weil sie ein Kraftwerk zu ihrer Energieversorgung benötigen. Also verwenden die Generäle der Welt vorderhand lieber herkömmliche Kanonen, die sind weitaus billiger und auch praktischer.

Dass Laserlicht durchaus Schäden anrichten kann, sehen Sie bei Ihrem CD- oder DVD-Player. In diesen Geräten werkt ein

Laser, der die entsprechenden Datenträger, die kleinen silbernen Scheiben abtastet. Irgendwo werden Sie die Warnung aufgedruckt finden, keinesfalls direkt in diesen Laser hineinzuschauen, denn die empfindlichen Augen des Menschen können auch von diesen recht schwachen Lasern mitunter Schaden nehmen.

Tatsächlich berechnet sich die Energie eines Photons, wie Planck und Einstein herausfanden, nach der Formel $E = \hbar \cdot f$: *Energie ist gleich Plancksches Wirkquantum mal Frequenz.* Und in dieser Formel kommen Masse und Geschwindigkeit des Lichtteilchens gar nicht vor.

Trotzdem dürfen wir es uns nicht zu leicht machen. Da wir die Energie ausrechnen können, die ein Photon besitzt, könnte man sich das Massenäquivalent ausrechnen. Dieses Massenäquivalent entspricht einer Masse und hat auch als solches eine Einheit. Es entspricht einer hypothetischen Masse, wenn man davon ausgeht, dass das Photon ein Teilchen wäre. Welche Masse würde ein solches Photon besitzen? Man braucht nur $E = \hbar \cdot f$ mit $E = m \cdot \frac{v^2}{2}$ gleichsetzen. Aber das dürfen wir ja nicht machen, da die Gleichung $E = m \cdot \frac{v^2}{2}$ nur für bewegte Körper, die sich im Vergleich zur Lichtgeschwindigkeit langsam bewegen, gilt. Für ein Photon gilt dies nicht. Man muss also $E = \hbar \cdot f$ mit $E = m \cdot c^2$ gleichsetzen. Damit erhalten wir für die Äquivalentmasse des Photons: $m_{\text{Photon}} = \hbar \cdot \frac{f}{c^2}$

Das Wichtige an der Theorie von de Broglie ist, dass wir allen Teilchen sowohl Wellen- als auch Teilcheneigenschaften zusprechen können und umgekehrt allen Wellen auch Teilcheneigenschaften zubilligen müssen. Es ist nur eine Frage des Experiments, was wir betrachten. Der Begriff Welle-Teilchen-Dualismus zeigt nur, dass wir für diese Eigenschaften im Allerkleinsten keinen Begriff aus dem Alltag verwenden können. Im Alltag haben wir entweder eine Wasser-, La-Ola- oder Erdbebenwelle vorliegen, also Wellen, oder Teilchen, die zusammengesetzt zum Beispiel einen Schreibtisch aus Holz oder die Karosserie eines Autos bilden können. Die PhysikerInnen mussten für diese verblüffende Erkenntnis einen neuen Namen finden: den Welle-Teilchen-Dualismus.

Doch dann kam Louis de Broglie. Der französische Physiker erkannte, dass sich der verwirrende Dualismus unerhörter Weise nicht auf das Licht, das man vordem für eine reine Welle gehalten hatte, beschränkte, sondern dass er umgekehrt auch auf jene Grundsubstanz zutrifft, die fraglos aus Teilchen bestehen sollte: die *Materie*. Der Stoff, aus dem schlicht alles gebaut ist, die „festen" Objekte des gesamten Universums, wir Menschen eingeschlossen.

All diese „handfesten" Objekte setzen sich aus Wellen zusammen. Es ist schwer, sich das vorzustellen. Und doch: In seiner Dissertation aus dem Jahr 1924 zeigte de Broglie, dass und wie jedem materiellen Ding eine „Teilchenwelle" zuzuordnen ist. Nicht immer, wohlgemerkt, nur bei Gelegenheiten. Es handelt sich eben um einen Welle-Teilchen-*Dualismus*. Mal so, mal anders.

Fazit aus de Broglies Arbeit, natürlich auch mit dem Nobelpreis (1929) versehen: Geht man den Dingen auf den Grund, verfolgt man sie weiter bis in die Welt des Allerkleinsten, der „Grundstoffe", aus denen alles Weitere besteht, ob Licht oder Materie, dann wird es dualistisch. Der rätselhafte Welle-Teilchen-Dualismus ist ein Fundamentalprinzip der Natur.

Heisenberg –
alles ist nur wahrscheinlich

1927 war das Jahr, das die Physik und die Physiker entzweite. Es waren, wohlgemerkt, nicht die eigentlichen wissenschaftlichen Erkenntnisse, die zu Streitigkeiten führten – und bis heute führen. 1927 hatten sich die Physiker längst feste, eindeutige Kriterien zurechtgelegt, ob und wann eine Erkenntnis als korrekt anzusehen ist, wann sie gilt und wann nicht.

Das ist einer der schönen Züge an der Physik: Hier ist immer klar, ob eine Behauptung richtig oder falsch ist, ob sie der Überprüfung, dem Nachschauen und Nachmessen standhält oder nicht. Debatten oder unterschiedliche Lehrmeinungen kann es da im Großen und Ganzen nicht geben.

Die Frage war, was von den eigentlichen und unumstrittenen Erkenntnissen zu halten sei. Wie die Formeln und Gleichungen zu interpretieren seien. Was das alles zu bedeuten habe. Sie spaltete die weltweite Gemeinschaft der Physiker in zwei Lager. Und da die Physik die Wirklichkeit erforscht, vielleicht nicht die ganze Welt, aber doch die Wirklichkeit, ging und geht es um nicht weniger als die Frage: Was ist die Wirklichkeit?

1927 veröffentlichte der erst 26-jährige Werner Heisenberg (1901–1976) ein mathematisch sehr komplexes Gebilde, ein Erklärungsmodell, das er die „Quantenmechanik" nannte. Kurze Begriffsklärung: Die *Quantenmechanik* ist nicht gleich der *Quantentheorie*. Die Quantentheorie ist „größer", die Quantenmechanik ein Teil davon, allerdings der fundamentale, gewissermaßen die Basis. Heisenberg wählte seine Bezeichnung mit Bedacht: So wie in der klassischen Physik die Newtonsche

Mechanik die Basis für alles Weitere ist, so sollte es in der Quantentheorie die Quantenmechanik sein.

Im Gegensatz zur vergleichsweise anschaulichen Mathematik Newtons liegt der Quantenmechanik freilich ein höchst avanciertes mathematisches Konstrukt zugrunde: die Matrizenrechnung. Beispiel: In unserer herkömmlichen Mathematik ist 3 mal 7 gleich 7 mal 3. Selbst wenn man gerade so umnebelt wäre, sich nicht ausrechnen zu können, wie viel 3 mal 7 ergibt, kann man doch absolut sicher sein: Es ist das Gleiche wie 7 mal 3. Das gilt für alle Zahlen: a mal b ist gleich b mal a. Mathematiker nennen das „Kommutativgesetz".

In der Matrizenrechnung gilt es hingegen nicht. Hier ist quasi 3 mal 7 nicht gleich 7 mal 3. Genau gesagt: a mal b einerseits, b mal a andererseits, wobei a und b Matrizen, nicht Zahlen sind, ergeben üblicherweise unterschiedliche Resultate. Schon dieses Beispiel macht klar, warum die Quantenmechanik, die Heisenbergsche Matrizenmechanik, nicht so leicht nachvollziehbar sein kann. Aber Mut, Sie werden sehen, wenn die Details auch schwierig sind, im Großen geht es doch.

$$\Delta x \cdot \Delta p \geq \frac{\hbar}{2}$$

Delta x mal Delta p ist größer gleich h quer halbe.

Oder:

Die Unschärfe des Ortes mal der Unschärfe des Impulses ist größer h quer halbe.

So lautet in vollem, korrektem Wortlaut eine der fundamentalen Ergebnisse der Quantenmechanik, das seit 1927 zu den berühmtesten Formeln der Welt zählt: die „Heisenbergsche Unschärferelation". Damit bleibt: Unschärfe des Ortes mal Unschärfe des Impulses ist größer h, einer konstanten, immer gleichen Zahl.

Für alle, die sich nicht mehr erinnern: Der Impuls eines Teilchens ist die Masse des Teilchens multipliziert mit seiner Geschwindigkeit. Da sich die Masse eines Teilchens nicht so leicht ändern kann, beschreibt diese Ungleichung die gleichzeitige Unschärfe des Ortes und der Geschwindigkeit eines Teilchens.

Das sagt sofort Folgendes: Wenn zwei Zahlen, miteinander multipliziert, nie null ergeben können, die Multiplikation immer größer null bleiben muss, dann kann keine der beiden Zahlen jemals null werden. Null mal irgendetwas ergäbe ja null, und das darf eben nicht sein. Weiters: Wird einer der beiden Parameter sehr klein, dann muss der andere sehr groß werden: Sehr klein mal sehr groß ergibt dann wieder etwas in der Mitte. Die beiden Variablen verhalten sich komplementär zu einander: Ist die eine klein, dann ist die andere groß und umgekehrt.

Heisenbergs Formel sagt also: Die Unschärfe des Ortes und die Unschärfe des Impulses sind in diesem Sinn komplementär. Bleibt die Frage, was „Unschärfe" ist. Man kann nicht gleichzeitig den Impuls und den Ort eines Teilchens bestimmen.

Unschärfen und Unbestimmtheiten

Unschärfe kennen wir etwa von Fotos: Ein Bild ist unscharf, wenn der Fotoapparat nicht richtig eingestellt war. Es kann auch passieren, dass die Kamera sehr wohl richtig eingestellt war und das Bild dennoch unscharf wird: Wenn etwa das abgelichtete Auto beim Knipsen durchs Bild gefahren ist, dann erscheint sein Foto verwischt. Wir alle kennen den Grund: Die Kamera hat eine Belichtungszeit, die kurz, aber eben nicht gleich null ist. Bewegt sich das zu fotografierende Objekt in dieser Zeit, dann bannt der Apparat die ganze Spur seiner Bewegung während der Belichtungszeit auf das Bild. Sportfotografen nützen den Effekt oft für eindrucksvolle Aufnahmen von laufenden, springenden oder sonstwie bewegten Sportlern.

Etwas Ähnliches, aber auch wieder ganz anderes ist die Heisenbergsche Unschärfe der Quanten: der Elementarteilchen, der kleinsten Teilchen, aus denen alle Materie, alles Licht, alle Strahlung besteht. Alles, buchstäblich alles, was wir als „Wirklichkeit" ansehen, setzt sich aus der einen oder anderen Sorte von Quanten zusammen, diesen seltsamen Gebilden zwischen Teilchen und Wellen, wie Louis de Broglie sie berechnet hat. Doch Quanten gehorchen noch weiteren eigenartigen Regeln.

Bleiben wir noch kurz beim Auto und einem Foto davon, konkret: bei einer Radarfalle. Einem Gerät, mit dem die Polizei die Geschwindigkeit eines Fahrzeugs misst und gleich ein Foto davon schießt, wenn es die erlaubte Höchstgeschwindigkeit überschreitet. Wir haben also, angenommen, einerseits einen Autofahrer, zu schnell unterwegs, andererseits ein Quant, auch recht flott unterwegs. Beide tappen in die Radarfalle, beide werden sie geblitzt.

Doch ab jetzt ist das Quant im Vorteil. Dank des Doppler-Effekts wird die Geschwindigkeit des Autos recht präzis gemessen, jedenfalls ausreichend für Polizeizwecke. Das zugleich geschossene Foto wird nicht ganz scharf sein, weil das Fahrzeug sich ja bewegte. Aber es wird genügend scharf sein. Es zeigt das Fahrzeug, lässt die Nummerntafel erkennen, vielleicht sogar den Fahrer und auf jeden Fall den Ort, an dem das Fahrzeug sich befindet. Es ist eine komplette, juristisch verwertbare Dokumentation der Verkehrsübertretung.

Und klar ist auch: Das Fotografieren des Autos kann dessen Tempo nicht verändert haben, ebenso wie umgekehrt die Geschwindigkeitsmessung das Foto nicht beeinflusst. Die beiden Messungen – Geschwindigkeit und Ort des Fahrzeugs – sind voneinander unabhängig. Der ertappte Autolenker macht sich lächerlich, wenn er behauptet, das Fotografieren habe seine Geschwindigkeit verändert, sodass erst dadurch die Überschreitung zustande kam. Fast noch absurder erschiene eine Argumentation, wonach die Geschwindigkeitsfeststellung mittels Radarstrahlung ihn, den Fahrer, samt Fahrzeug ortsversetzt habe; er in Wahrheit ganz woanders gefahren sei, wo er vielleicht schneller hätte sein dürfen, etwa auf einer Überlandstraße statt im Stadtgebiet. Aber durch die Radarmessung sei es zu jener geheimnisvollen Versetzung gekommen. Vermutlich würde ein Lenker, der so seine Unschuld beweisen wollte, nicht bloß ein Strafmandat kassieren, sondern gleich zum verkehrspolizeilichen Psychotest geschickt. Beim Quant ist das anders. Es könnte sehr wohl so argumentieren. Und würde mit diesen Ausreden bei jedem Polizisten, der etwas von Heisenberg versteht, durchkommen.

Für das Quant gilt: Die Unschärfe des Ortes mal der Unschärfe des Impulses ist größer ħ.

Das bedeutet: Schießt man von ihm ein Foto, das es an einem bestimmten Ort zeigt, nagelt man es an diesem Ort gleichsam fest, dann reduziert man damit die Heisenbergsche Unschärfe des Ortes auf einen sehr kleinen Wert. Komplementär wird gemäß Formel die Unschärfe des Impulses riesig. Über die Geschwindigkeit des fahrenden Quants kann man dann kaum mehr etwas sagen, sie ist nicht feststellbar.

Und umgekehrt: Misst man die Geschwindigkeit des Quants – was durchaus möglich ist –, dann wird die Unschärfe des Ortes entsprechend groß. Unser autofahrendes Teilchen kann nun irgendwo sein. Hier oder ganz woanders oder in einer anderen Galaxie. Man weiß es einfach nicht. Für notorische Verkehrssünder wäre das ja recht praktisch.

Darin besteht die wesentliche Aussage der einfachen Formel: Unschärfe des Ortes mal der Unschärfe des Impulses ist größer dem Planckschen Wirkquantum. Man kann ein Quantenteilchen schon fotografieren, und es wird auch scharf. Aber dann weiß man nichts über seine Geschwindigkeit. Oder man stellt seine Geschwindigkeit fest: Dann bläht sich der Ort auf, an dem es sich befindet, schlimmstenfalls bis zur Größe des Universums. Das winzige Quant wird gleichsam so groß wie der gesamte Kosmos.

Nun könnte man glauben, das Ganze sei vielleicht ein Messproblem, eine Ungenauigkeit oder Unzulänglichkeit unserer Messinstrumente verursache die seltsame Unschärfe. Doch dem ist nicht so. Die Unschärfe der Quantentheorie ist nicht eine Unschärfe des Fotos oder dergleichen. Sie ist eine Eigenschaft der Quanten selbst. Quanten sind nicht „scharf", sie sind es ihrem Wesen nach nicht. Sie sind von Natur aus nebelhaft und verschwommen.

Erinnern wir uns an Louis de Broglies „Teilchenwelle", die das Quant repräsentiert. Diese Welle hat natürlich keinen festen „Ort". Wellen sind im Raum, und solange das Teilchen nicht fotografiert, gemessen wird, es nicht mit anderen Teilchen interagiert, bleibt diese Welle eben eine Welle. Erst im Moment der Interaktion, des Fotografierens „kollabiert" die Wellenfunktion, wie Physiker sagen. Das Quant „materialisiert" sich nun an einem Ort. Doch der wiederum ist „zufällig" im Rahmen der Heisenbergschen Unschärferelation. Vielleicht findet die Materialisation hier statt, vielleicht in einer anderen Galaxie. Genau gesagt: Der Ort ist nicht ganz zufällig. Tatsächlich kann man die Teilchenwelle so interpretieren, dass sie eine Wahrscheinlichkeit für die Materialisation an einem bestimmten Ort wiedergibt. Aber das ist auch schon alles.

Weil das nicht leicht zu verstehen ist, noch ein anderer Vergleich: Stellen Sie sich eine Schachtel vor, darin eine Glaskugel. Die Schachtel steht auf dem Tisch, verschlossen durch einen Deckel. Man weiß, dass die Murmel in der Schachtel ist, aber solange das Behältnis verschlossen bleibt, weiß man nicht genau, wo. Nun nimmt man den Deckel ab und sieht: Sie befindet sich in der Ecke links hinten, beispielsweise. Eine Messung hat stattgefunden: Photonen prallten auf die Kugel auf, wurden von ihr reflektiert und landeten schließlich im Auge des Beobachters: Man sieht die Kugel in ihrer Ecke liegen.

Der Unterschied zum Quant: Die Murmel lag bereits in der linken hinteren Ecke, *bevor* man den Deckel abnahm. Das Quant nicht, es befand sich *nicht* in seiner Ecke, bevor es sichtbar wurde. Sein Aufenthaltsort war über die gesamte Schachtel „verschmiert", wie Physiker sagen. Man hat es nicht nur nicht gesehen, sondern es war gar nicht dort. Es ist durch die Messung, durch das Nachschauen gleichsam erst in der Ecke entstanden.

Das ist der Punkt: Wir alle gehen davon aus, dass sich die Glaskugel auch in der noch verschlossenen Schachtel an einem wohl definierten Ort befand. Durch das Abnehmen des Deckels sieht man es bloß noch. Die Messung stellt den „wirklichen" Zustand *fest*. Nicht so beim Quant. Wäre die Murmel ein Quantenteilchen, wäre sie *vorher* nicht in dieser oder jener Ecke. Ihr Ort ist unbestimmt, und die Messung stellt den gemessenen Zustand – es ist in der linken hinteren Ecke – erst *her*.

Man könnte noch glauben, das sei so ähnlich, wie wenn die Schachtel geschüttelt wird und die Murmel darin herumrollt. Doch auch dieser Vergleich wäre falsch: Auch wenn die Glaskugel in ihrem finsteren Behältnis umherrollt, befindet sie sich zu jedem bestimmten Zeitpunkt doch an einer bestimmten Stelle. Sie rollt hierhin, sie rollt dahin, aber in einem definierten Moment ist sie eben wirklich *da*. Zumindest nehmen wir das an, weil wir daran glauben, dass die Wirklichkeit eben „wirklich" ist. Bei der Quantenkugel ist das anders. Ihr Aufenthaltsort ist „wirklich" unbestimmt, nicht bloß unbekannt.

Für unser Verständnis von „Wirklichkeit" ist das offenbar recht irritierend. Wie die meisten Menschen ging die Physik vor Heisenberg davon aus, dass die Dinge wirklich sind. Dass sie da sind, auch wenn man sie gerade nicht sieht, wenn man gerade nicht nachmisst. Vielleicht gibt es einige Gurus und Spiritualisten, die etwas anderes behaupten. Aber in Wahrheit, wenn man sie hartnäckig befragt, glauben auch diese esoterischen Zeitgenossen: Der Berg steht da, wo er steht. Daran ändert sich nichts, ob man hinsieht oder nicht.

Nur kleine Kinder glauben mitunter, die Welt würde verschwinden, wenn sie die Augen zumachen, und erst wieder entstehen, wenn sie sie wieder öffnen. Deshalb fürchten sie sich manchmal vor dem Einschlafen: Sie sind sich nicht sicher, dass die Welt beim Aufwachen wieder da ist. Oder sie fürchten vielleicht, eine andere, ungemütlichere Welt könnte entstehen. Würde hingegen ein Erwachsener dergleichen behaupten, würde man ihn umstandslos als reif für die Klapsmühle ansehen.

Und doch behaupten Quantenphysiker genau das. Und sie behaupten es nicht nur, sie belegen es mit unabweisbaren Formeln: In der Quantenwelt, auf der unsere wirkliche Welt basiert, konstituiert sich jene „Wirklichkeit" fortwährend neu und anders. Erst durch seine Wahrnehmung, durch Messung, entsteht jener „wirkliche" Zustand. Das aber widerspricht dem Konzept „Wirklichkeit im Experiment" allerdings und bedeutet – zumindest in kurzer Form: Die Wirklichkeit im Experiment gibt es nur als Wahrscheinlichkeit. Worin sollte sie bestehen, wenn darin nichts feststeht?

Bezeichnet man die Quanten als die „Bausteine" der Materie, dann ist schon das irreführend. Versteht man unter einem Baustein etwas Festes, Stabiles, dann sind Quantenteilchen davon weit entfernt. Schon der Ausdruck „Teilchen" trifft die Sache eigentlich nicht: Tatsächlich sind sie diffuse Erscheinungen von unfassbarer Konsistenz, die sich in einem indifferenten Schwebezustand befinden.

In dieser Welt ist selbst das Unmögliche möglich. Wenn ein Tennisball, gegen eine massive Betonmauer geworfen, statt zurückzuspringen einfach durch die Wand hindurch geht, dann haben die Quantenphysiker auch für dieses Phänomen einen Namen: „Tunneleffekt". Der Tunneleffekt besteht darin, dass der Tennisball als Quant mit einer gewissen Wahrscheinlichkeit tatsächlich auf der anderen Seite der Betonmauer auftaucht, sich eben dort „materialisiert": Er „tunnelt" durch die unüberwindbare Barriere wie von Geisterhand hindurch. Nicht jedes Mal natürlich, aber mit einer gewissen Wahrscheinlichkeit: Wirft man nur ausreichend viele Quanten-Tennisbälle, dann wird das beim einen oder anderen unvermeidbar passieren.

Das Ganze verhöhnt den gesunden Menschenverstand, und nicht nur den gesunden. Darin liegt vielleicht der Unterschied zu

Einsteins Relativitätstheorie: Diese ist nicht immer leicht zu verstehen. Die Quantentheorie aber widerspricht dem Verstand schlechthin. Der Physik-Nobelpreisträger des Jahres 1965, Richard Feynman (1918–1988), kommentierte Heisenbergs Erkenntnisse aus dem Jahr 1927 einmal so: Wer behauptet, die Quantenphysik verstanden zu haben, beweist damit, dass er sie nicht verstanden hat. Es ist nicht zu verstehen. Man kann es berechnen. Die Formeln dazu sind präzis und unzweideutig. Sie sagen genau, was die Quantenteilchen tun werden – mit einer gewissen Wahrscheinlichkeit, und diese kann man sogar ganz genau beziffern. Es wirklich begreifen, eine innere Vorstellung davon entwickeln, wird vermutlich niemals ein Mensch können.

In diesem Moment beweist sich auch die Macht der Formeln, die Darstellung des physikalischen Wissens in der Sprache der Mathematik: Sie funktioniert auch dann weiter, wenn unsere Vorstellungskraft am Ende ist. In der Quantentheorie werden die Eigenheiten der Teilchen, die fundamentalen Eigenschaften der grundlegenden Bausteine des Universums zu reinen, abstrakten Zahlen und Gleichungen, ohne jeden Bezug zu unseren Vorstellungen, die zwangsläufig aus unserer Makrowelt stammen. Wir können die Quantenzustände in Worten nur sehr beschränkt beschreiben, wir können sie nicht einmal wirklich benennen, weil wir davon kein Bild haben.

Albert Einstein, auch etwa Erwin Schrödinger und viele andere wollten sich mit dieser Interpretation der Quantenmechanik, der sogenannten „Kopenhagener Deutung", nicht abfinden. Ihnen waren die Wahrscheinlichkeiten ein Dorn im Auge. Ihr wesentliches Argument: Da muss es noch etwas geben, etwas Fundamentaleres, ein grundlegenderes Erklärungsmodell. In diesem würden die Wahrscheinlichkeiten der Quanten wieder in schöne, saubere, definierte Größen übergeführt. Wir kennen dieses Modell bloß noch nicht. Vor allem Einstein dachte sich immer weitere, immer raffiniertere Beispiele dafür aus, dass man die Sache anders sehen könne, ja sogar müsse. Ein weiteres solches Gedankenexperiment wurde sogar zum weit über die Physik hinaus geläufigen Schlagwort: „Schrödingers Katze" des Wiener Physikers Schrödinger, auch ein Versuch, die Unbestimmtheit der Quantentheorie zu widerlegen.

All diese Konstruktionen laufen darauf hinaus, dass die Quantenmechanik unvollständig sei, dass sie das Naturgeschehen zwar oberflächlich richtig, aber nicht fundamental beschreibe. Einstein sprach von „verborgenen Parametern" – von Größen, die wir einstweilen nicht kennen und die Quanten sehr wohl bestimmen, also auf definierte Zustände festlegen würden. Seine Gedankenexperimente sollten Widersprüche, Paradoxien aufzeigen, die ohne verborgene Parameter zwangsläufig entstünden, wie er meinte – was die Existenz der geheimnisvollen Parameter natürlich beweisen würde, auch wenn sie kein Mensch kennt.

Die Quantenmechaniker rund um Heisenberg und Niels Bohr konnten all die Beispiele recht rasch entkräften, bis auf eines: EPR – das Einstein-Podolsky-Rosen-Paradoxon. Da dauerte es etwas länger, bis in die 1960er Jahre, bis zu John Stewart Bell und seinen Bellschen Ungleichungen.

John Bell klärte endgültig, dass eine bestimmte Art der Widerlegung der Kopenhagener Deutung niemals funktionieren kann: alle Gegenentwürfe nämlich, die auf ein „lokal-realistisches" Modell hinauslaufen. Der lokale Realismus, den Einstein, Schrödinger und andere zurückhaben wollten, ist seit Bell endgültig passé. Doch all das sind schon zwei andere Kapitel.

Aber vielleicht existieren ja andere Möglichkeiten, die Nebelhaftigkeit und Unbegreiflichkeit der Quanten aus der Welt zu räumen? Der Streit darum tobt, wie gesagt, bis heute.

Gott würfelt nicht

Bevor man nun übers Ziel hinaus schießt und der Esoterik Tür und Tor öffnet, muss man aber doch einiges festhalten.

Erstens: Die „zufällige" Festlegung der Quanteneigenschaften mittels Messung geschieht nicht bloß durch Messungen, die Menschen vornehmen. Die Teilchen interagieren miteinander, sie „messen" einander ständig wechselseitig. Es ist also nicht so, dass die Welt erst entsteht, wenn ein Mensch hinschaut: Die Natur besorgt das Hinsehen von sich aus.

Die quantentheoretische Unbestimmtheit liefert daher keine Bestätigung jener Traumtheorien, wonach der Mensch die Welt bloß träume oder sie selbst erfinde. In esoterischen Werken wird ja oft und gern behauptet, dass mit der Quantentheorie sogar die streng vernünftige Naturwissenschaft die Belege für allerlei Magie und Mystik erbracht habe. Dem ist nicht so: An unserer, der „Makrowelt" hat sich nichts geändert, nur weil irgendwo tief in ihrem Untergrund das Quantenchaos tobt. Wir dürfen nicht vergessen, dass in all den Experimenten meist nur von einem Teilchen gesprochen wird. Dieses eine Teilchen besitzt eine bestimmte Wahrscheinlichkeit für eine bestimmte Eigenschaft. Aber in der realen Welt sind wir von vielen Teilchen umgeben. Es besitzt zwar jedes eine bestimmte Wahrscheinlichkeit, aber im Mittel heben sich diese auf und der wahrscheinlichste Wert bleibt übrig. Dies gilt zwar nur für viele Teilchen – in der Realität ist dies aber gegeben.

Eine beliebte Variante jener Spekulationen besteht auch darin, den freien Willen des Menschen auf Quantenfluktuation im Gehirn zurückzuführen. Auch das ist Blödsinn. Sieht man sich das Gehirn eines Menschen an, findet man dort Proteine, Botenstoffe, Neurotransmitter, Bio- und Elektrochemie in vielfachen, nicht leicht durchschaubaren Kombinationen. Quantenprozesse sind für diese chemischen Vorgänge natürlich die Basis. Doch auf der Ebene der Signalübertragung und -verarbeitung im Gehirn spielen Quanten keine Rolle, zumindest hat die Hirnforschung dergleichen noch nie gefunden. Dort regiert die Chemie, also Vorgänge, die sich zwei Ebenen über der der Quanten abspielen. An einem einfachen Gedankenprozess sind so viele Moleküle beteiligt, dass sich alle Wahrscheinlichkeiten wegkürzen. Sollte doch einmal ein Molekül aus der Reihe springen, so macht das gar nichts – das Gehirn ist so redundant aufgebaut, dass es sogar verkraftet, dass jeden Tag 5000 Neuronen absterben. Trinken wir Alkohol, so sind es rund 25.000 Neuronen.

Man könnte auch so sagen: Wäre die Quantenfluktuation für den freien Willen des Menschen verantwortlich, dann müsste ja auch ein Rind, ein Huhn, eine Schnecke einen freien Willen haben. Das scheint nicht der Fall zu sein.

Zweitens, und das erklärt die Sache auch weiter: In der Quantenwelt regiert nicht der reine Zufall. Tatsächlich folgt es präzisen Wahrscheinlichkeiten, Wahrscheinlichkeiten, die de Broglies, Heisenbergs, Schrödingers und Diracs Formeln genau festlegen und beziffern. Die Chance der „Materialisation" eines Teilchens an einem bestimmten Ort oder mit einer bestimmten Geschwindigkeit etwa ist durch die Teilchenwelle vorgegeben. Sie besagt, mit welcher Wahrscheinlichkeit das Quant bei Interaktion mit anderen Teilchen hier oder dort oder sonstwo im Raum auftauchen wird.

Dabei regiert noch die Heisenbergsche Komplementarität: Je ungenauer der Ort wird, desto genauer wird immerhin der Impuls und damit auch die Geschwindigkeit und umgekehrt. Solche komplementären Paare gibt es viele, ein anderes wäre etwa das Duo Zeit-Energie. Heisenbergs berühmte Formel produziert das Quantenchaos also in Wahrheit nicht, wie oft behauptet wird, sondern schränkt es im Gegenteil ein: Nicht alles kann gleichermaßen unbestimmt sein.

Und das Wichtigste: Die Wechselwirkungen der Quantenteilchen, ihr wechselseitiges Sich-Messen, findet von uns unbemerkt ständig und in unvorstellbar großen Zahlen statt. Nehmen wir etwa ein Proton, ein recht großes Teilchen, der dem Gewicht nach essenzielle Baustein aller Materie: Ein einziges Gramm Materie, wie wir sie kennen, des Stoffs, aus dem der Tisch, der Mensch, die Erde, die Sonne, schlicht alles besteht, was Materie ist, setzt sich aus 10 hoch 23 Protonen zusammen. Das ist eine Eins mit 23 Nullen daran. Ein Millionstel Gramm beinhaltet demnach 10 hoch 17 Protonen, eine Eins mit 17 Nullen. Man kann das noch weiter spielen: Ein Millionstel eines Millionstels Gramm, das ist wirklich schon sehr, sehr wenig, macht immer noch 10 hoch 11 Protonen aus, in herkömmlichen Zahlenbezeichnungen: 100 Milliarden.

Quanten sind also wirklich sehr klein, und es sind sehr viele, die einen üblichen Gegenstand unserer Welt bilden. Sie alle wechselwirken ständig miteinander, und dabei erzeugen sie „wahrscheinlich" das, was dann unsere Makrowelt ist. Die Wahrscheinlichkeit ist bei solchen Zahlen natürlich gigantisch, und so ist die Welt, die wir vorfinden, doch sehr stabil. Man kann es mit einem Haus vergleichen, das fest und solide in der Landschaft steht und sich ja keineswegs erst beim Hinsehen dort oder sonstwo „materialisiert". Es steht einfach da, und wenn man es nicht glaubt, kann man mit dem Kopf gegen eine der Mauern laufen. Die resultierende Beule lehrt recht schmerzhaft, dass das Haus nicht plötzlich seine Quanten-Zufälligkeit offenbart und seine Mauern einfach nachgeben oder einen Tunneleffekt zulassen. Nämliches gilt für den Kopf.

Freilich, sieht man sich die Sache genauer an, dann sieht das Haus in der Tat nur von außen stabil aus. Aus der Nähe, auf Quantenebene betrachtet, entdeckt man: Da fliegen, um im Bild zu bleiben, die Ziegel – die Quanten – in den Mauern nur so herum. Sie wechseln ständig und permanent ihre Positionen, sausen durch die Gegend, haben keinerlei dauerhaften Platz. Beim einzelnen „Quantenziegel" kann man nicht sagen, wo er sich gerade befindet, wohin er sich bewegt, mit welchem Tempo – eingeschränkt bloß durch Heisenbergs Relation. Nur insgesamt, in der Summe all der Unbestimmtheiten, gleichen diese sich gleichsam aus und ergeben wie von Geisterhand – aber eben nicht von Geisterhand, sondern durch die Wahrscheinlichkeiten für jeden Ziegel so festgelegt – das stabile Haus. Der auseinander-, ineinander-

und herumstiebende Haufen von Ziegeln produziert zuletzt feste Wände, Böden und Decken.

Wo Wahrscheinlichkeiten im Spiel sind, behilft man sich am besten mit dem guten, alten Würfel, um sich die Dinge klar zu machen: Ein Würfel kann eine Augenzahl zwischen eins und sechs zeigen. Solange man den Würfel in der Hand hält, ist die Augenzahl, die er nach dem Wurf zeigen wird, unbestimmt. Und man kennt sie nicht nur nicht, sie ist wirklich unbestimmt. Sie kann zwischen eins und sechs liegen, aber mehr ist nicht zu sagen.

Erst wenn der Würfel auf dem Tisch zur Ruhe gekommen ist, hat er sich für eine Zahl gleichsam entschieden: Es ist eine Eins geworden, oder eine Zwei, oder vielleicht der erhoffte Sechser. In exakt gleicher Weise „entscheiden" sich Quanten bei ihrer Messung für einen Zustand.

Nun gilt beim Würfeln aber noch etwas: Der einzelne Wurf mag unbestimmt sein, solange man den Würfel in der Hand hält. Würfelt man aber mehrmals, dann weiß jeder: Die sechs möglichen Augenzahlen fallen ungefähr gleich oft. Und das trifft immer genauer ein, je öfter man wirft: Die Anzahl der geworfenen Einsen, Zweien und so weiter wird sich relativ immer weniger unterscheiden. Bei 600 Würfen kann es noch Abweichungen von den zu erwartenden 100 Sechsern geben. Bei sechs Millionen Würfen wird sich schon recht präzis eine Million Einser und eine Million Zweier einstellen. Das passiert unglaublich stabil, obwohl der einzelne Wurf gänzlich unbestimmt und unvorhersehbar ist. Würfelt man gar 10 hoch 23 Mal, dann sind die Abweichungen von der Gleichverteilung – jede der sechs möglichen Augenzahlen kommt gleich oft – nicht mehr feststellbar. Passiert das nicht, weiß jeder Spieler: Der Würfel ist gezinkt.

Noch klarer wird es, sieht man sich den Durchschnitt der geworfenen Augenzahlen an: Der beträgt 3,5 – leicht zu berechnen: Die Summe der sechs möglichen Augenzahlen 1 + 2 + 3 ... + 6 ist 21. Dividiert durch sechs, ergibt 3,5. Durchschnittlich wird ein Wurf also 3,5 ergeben. Und das, obwohl natürlich kein einziger

Wurf konkret 3,5 erzeugen kann. Darin besteht übrigens eine der Tücken des Durchschnitts, die der menschlichen Intuition oft Probleme machen. Wir verlassen uns allzu gern auf den Durchschnitt, dabei muss man vorsichtig sein: Nicht alles, was durchschnittlich passiert, passiert auch so ohne Weiteres im Einzelfall. Aber das ist ein anderes Thema und ein anderes Buch.

Sicher aber gilt: Würfelt man oft, wird sich die durchschnittliche Augenzahl recht rasch den theoretischen 3,5 nähern, je öfter, desto näher. Das ist absolut stabil und unabänderlich so. Nach einer Million Würfen wird die Abweichung bereits irrelevant sein, und nach 10 hoch 23 Würfen ist ohnehin alles klar: Der Durchschnitt ist 3,5, egal, was die einzelnen Würfe ergeben haben, ohne jede zufällige Komponente.

Auf diese Weise kommt die Stabilität unseres „Quantenhauses" zustande, siehe oben, bei dem die Ziegel zu Quanten geworden sind. „Durchschnittlich" steht das Haus fest und unveränderlich da, wo es steht, so wie 10 hoch 23 Würfelereignisse durchschnittlich absolut stabil 3,5 ergeben.

Indes bleibt das Debakel unserer Vorstellung von „Wirklichkeit" auf Quantenebene unverändert bestehen, auch wenn es sich nicht in die Makro-Welt fortsetzt. Nicht wenige Physiker fanden und finden das unschön und ausgesprochen unbefriedigend. Albert Einstein kommentierte es mit den berühmten Worten: „Gott würfelt nicht". Wobei er das so apodiktisch in Wahrheit nicht gesagt hat. Der exakte, belegbare Ausspruch fiel auf Englisch und lautet: „I can not believe that God runs the universe by playing dice." – „Ich kann nicht glauben, dass Gott das Universum betreibt, indem er Würfel spielt."

Man sieht, das ist um einiges charmanter als der Einstein unterschobene kurze Satz. Indes bleibt: Eine Wirklichkeit, die in ihrem innersten Kern durch Zufall bestimmt und erst durch Wahrscheinlichkeiten stabil wird, wie eben der Durchschnitt beim Würfeln, war nicht nach Einsteins Geschmack. Man kann es auch so sehen: In der Quantenmechanik hat nicht mehr der einzelne Wurf ein „wirkliches" Ergebnis, die einzig verbleibende Wirklichkeit ist bloß noch der Würfel als solcher. Einstein wollte den Wurf wieder in seine Rechte zurückgesetzt wissen. Der berühmte Physiker, der die Quantenphysik im Jahre 1905 immerhin begründet hatte, soll in mondhellen Nächten seine Gesprächspartner manchmal gefragt haben: „Glauben Sie wirklich, dass der Mond nur deshalb dort steht, weil wir ihn sehen?"

Wobei Einstein, das muss zu seiner Ehrenrettung gesagt werden, nicht an den Ergebnissen der Quantenmechaniker zweifelte, den Formeln von Werner Heisenberg, Wolfgang Pauli, Paul Adrien Dirac, Max Born und wie sie alle heißen. Ihre Mathematik ist unerschütterlich, ihre Gleichungen unwiderlegbar, und die empirischen Befunde, die Messergebnisse stimmen damit überein. Einstein wusste das sehr wohl. Aber er wollte sich nicht damit abfinden, dass wir über das einzelne Quant nichts wissen können. Nicht nur nichts wissen, sondern dass es ein Wissen gar nicht gibt. Es existiert nichts, was man wissen könnte.

Wie am Beispiel der „Quanten-Glaskugel", von der die Rede war: Ihr Ort ist nicht bloß unbekannt, sondern: Es gibt ihn nicht. Etwas wie „Ort" oder „Platz" existiert für die Quantenkugel gar nicht. Die Kugel hat keinen Ort, an dem sie sich befindet, solange man nicht nachschaut. Das ist in der Tat doch irgendwie unerhört, wissen wir doch, dass alles, was im Universum existiert, üblicherweise an einem Ort existiert.

Einstein gefiel das nicht, und seine Idee war: Das Ganze ist zwar unabweisbar richtig, aber es könnte unvollständig sein. Er meinte, unter all dem Quantengewusel und seiner Unbestimmtheit, eine Erklärungsebene tiefer, müsse es noch Dinge geben, die wir nicht kennen. Unterhalb der Quantzahlen und der Größen und Gleichungen, die die Eigenschaften der Quanten repräsentieren, sollte es Größen und Gleichungen geben, die dem Wahrscheinlichkeitsspuk ein Ende machen.

Das würde bedeuten, dass die unberechenbaren Quanten eben doch durch eindeutige physikalische Gesetze festgelegt werden, dass Größen und Regeln sie bestimmen, wir kennen diese bloß (noch) nicht. Die Quantenmechanik wäre demnach unvollständig oder nicht fundamental: Nur dank unseres Nichtwissens erscheinen uns die Quantenereignisse unbestimmt, tatsächlich wären sie lediglich unbekannt. Einstein bezeichnete jene Größen mangels anderer Worte als „verborgene Parameter".

Eine solche Annahme war übrigens recht typisch für Einstein: Wo immer etwas unerklärlich erschien, nahm er einfach einmal an, dass es da war und gab ihm einen Namen. Der Rest hatte sich zeit seines Lebens dann durch genauere Forschung immer erledigt. So hatte er das Photon „erfunden" und die Quantentheorie begründet, so hatte er die Relativitätstheorie errechnet und so hatte er die Existenz von Atomen bewiesen. Warum sollte es diesmal anders sein?

Einstein postulierte also „verborgene Parameter" einfach. Danach versuchte er zu beweisen, dass es sie geben musste. Er dachte sich auf den Konferenzen der berühmten Physiker jener Zeit immer wieder Beispiele aus, die zeigen sollten, dass die Quantentheorie ohne verborgene Parameter sogar in Widersprüche geriet. Dabei assistierte ihm neben anderen übrigens auch Erwin Schrödinger. Einstein war also durchaus nicht allein in seiner Hoffnung, Ordnung ins Quantenchaos bringen zu können, und – auf etwas andere, modifizierte Weise – ist er es bis heute nicht.

Die Quantenmechaniker widerlegten Einsteins Paradoxien allesamt, und meist recht flott. Die in seinen Gedankenexperimenten konstruierten Widersprüche ließen sich auflösen, nichts sprach gegen die Vollständigkeit der Quantenlehre und dagegen, dass ihre Unschärfen wirklich fundamental sind, sie den Quanten einfach innewohnt. Mit einer Ausnahme: 1935 legte Einstein gemeinsam mit dem russischen Physiker Boris Podolsky und Nathan Rosen das EPR-Paradoxon vor, das endgültig die Existenz der verborgenen Parameter beweisen, wenn auch noch nicht finden sollte. Beim EPR-Paradoxon, einem raffiniert konstruierten Gedankenspiel, dauerte es etwas länger, bis die Quantenphysiker es ausräumen konnten, nämlich bis zu John Bell und seinen Bellschen Ungleichungen in den 1960er Jahren.

Heute wissen wir, dass die Quantenmechanik und vor allem die Unbestimmtheit der Quantenteilchen tatsächlich fundamental sind. Es kann keine verborgenen Parameter geben, die deren bloß wahrscheinlichkeitsgesteuertes Verhalten wieder in schöne, klare Physik auflösen, in deterministische Gesetze. Das hat John Bell ein für alle Mal und endgültig bewiesen. Es macht keinen Sinn, weitere Paradoxien in der Art der Einsteinschen zu konstruieren, sie werden alle widerlegbar sein.

Schrödinger –
Suche nach der Weltformel

Winter 1925/26. Ein verschneites Blockhaus in den Schweizer Alpen, nahe Arosa. Wahrlich ein romantisches Ambiente, in das sich der österreichische Physiker Erwin Schrödinger zurückgezogen hat. Er hat Unterlagen und Aufzeichnungen bei sich über sein Projekt einer Wellenmechanik. An den Freund Willi Wiener schreibt er am 27. Dezember: „Wenn ich doch nur besser in Mathematik wäre! Ich kämpfe mit meinen Gleichungen. Bin aber zuversichtlich und erwarte, dass die Lösungen, wenn ich sie nur finden kann, sehr schön sein werden."

Erwin Schrödinger ist nicht allein. Fest steht, dass er sich in weiblicher Begleitung befindet. Doch wer die Dame ist, darüber herrscht bis heute Rätselraten; selbst der Schrödinger-Biograf Walter Moore muss hier klein beigeben. Auch wenn es dieser rätselhaften Dame gelungen ist, ihr Inkognito zu wahren, weiß man wenigstens, dass sie den österreichischen Professor so zu inspirieren wusste, dass bei seiner Rückkehr nach Zürich am 9. Jänner 1926 Schrödingers Gleichung auf dem Papier steht:

$$E \cdot \Psi = H \cdot \Psi$$

E mal Psi = H mal Psi

1933 erhält Schrödinger für seine Gleichung den Nobelpreis. Das Gesicht des Physikers dürfte den Österreichern wohl bekannt sein, es war für ein Jahrzehnt auf dem 1000-Schilling-Schein zu sehen. Wenig geläufig hingegen ist Schrödingers Werk und seine fundamentale Formel. Kein Wunder, ist sie doch für Nicht-Eingeweihte auf den ersten, zweiten und meist auch dritten Blick nicht leicht verständlich. E mal Psi = H mal Psi klingt einfach, ist es aber nicht.

Die erste Schwierigkeit besteht darin, dass hier im Gegensatz zu geläufigen Formeln keine Zahlen oder einfache Größen einzusetzen sind. Schrödingers Gleichung operiert vielmehr mit Funktionen. Ihre Lösungen sind keine Zahlen, sondern eben Funktionen. Während etwa in der Einsteinschen Gleichung $E = mc^2$ die Energie, die Masse und die Lichtgeschwindigkeit konkrete Zahlen sind, ist die Lösung der Schrödinger-Gleichung, jenes wie ein Dreizack geschriebene Psi selbst eine Funktion.

Die zweite Schwierigkeit liegt darin, dass in der verkürzten Schreibweise E mal Psi = H mal Psi die Buchstaben E und H, also die Psi-Begleiter, sogenannte Differentialoperatoren darstellen, ausgesprochen komplizierte Ausdrücke (ausgeschrieben), zu deren Verständnis ein mehrjähriges Physikstudium wohl unverzichtbar ist.

Dennoch lässt sich das, was uns Schrödingers Teufelssatz erzählt, zu einem gewissen Grad anschaulich vermitteln. Im Kern geht es um Folgendes: Die Schrödinger-Gleichung ordnet jedem Teilchen, jedem elementaren Baustein der Materie eine Welle zu, dargestellt durch die nach Schrödinger benannte Wellenfunktion. Teilchen sind also nicht einfach Teilchen, wie wir sie kennen, sondern sie treten mitunter als Wellen auf.

Teilchen als Wellen, das stellt in der Tat für den gesunden Hausverstand eine Hürde dar. Selbst für den Fachmann, den Physiker, ist diese Vorstellung nicht leicht nachvollziehbar. Die unerbittliche Mathematik jedoch lässt an dem Welle-Teilchen-Dualismus genannten Phänomen keinen Zweifel. Und tatsächlich entsteht das Problem erst dann, wenn man versucht, die mathematischen Ergebnisse anschaulich zu interpretieren.

Die Schrödinger-Gleichung macht aus jedem Teilchen eine Welle – genau genommen mehr als eine. In den meisten Fällen existieren unendlich viele Wellenfunktionen, die einem Teilchen zugeordnet werden können, dargestellt als Lösungen der Gleichung. Diese verschiedenen Ergebnisse entsprechen etwa in der Welt der Elektronen den unterschiedlichen Energieniveaus, die das einzelne Elektron innerhalb des Atoms einnehmen kann. Dies war wohl die wichtigste Folge von Schrödingers Erkenntnis. Der Österreicher revolutionierte mit seiner Formel das bis dahin gültige Bild vom Atom, des fundamentalen Strukturelements der Materie, vollkommen.

Der berühmte Däne Niels Bohr hatte das Modell eines Atoms in Analogie zum Sonnensystem entworfen: Der Atomkern entspricht der Sonne. Die einzelnen Elektronen umkreisen diesen Kern geradeso wie die Planeten ihr Zentralgestirn. Die Bohrschen Planetenbahnen der Elektronen „verschmieren" im Schrödinger-Modell zu Wellengebilden, die den Atomkern umhüllen. Der konkrete Aufenthaltsort jedes Elektrons wird dabei unscharf, unklar. Die Schrödingersche Wellenfunktion gibt allerdings eine Wahrscheinlichkeit für den Aufenthaltsort des Elektrons als Teilchen wieder, dies jedoch nur dann, wenn man eine konkrete Messung vorzunehmen versucht. Dann „kollabiert" die Wahrscheinlichkeitsfunktion, wie das Fachwort lautet, und aus der Welle „kondensiert" das Teilchen.

Die aus menschlicher Sicht wohl wichtigste Konsequenz des Schrödingerschen Atommodells ist nicht weniger als die Stabilität des Atoms, der Elemente und damit der Materie selbst.

Nach dem Bohrschen Atommodell blieb es unerklärlich, warum die Elektronen nicht in den Atomkern hineinstürzen, der sie ja mächtig anzieht. Die Schrödinger-Gleichung liefert hierfür die Lösung: Das Teilchen ist eine Welle, und als solches besitzt es ein Mindestenergieniveau, eben durch die Gleichung berechenbar. Die Energie null ist nicht möglich, weil sie die Gleichung nicht zulässt. Null ist keine und kann keine Lösung der Schrödinger-Formel sein. In den Atomkern gestürzt, hätte das Elektron genau die Energie null.

Und noch etwas trägt dazu bei, dass die Schrödinger-Gleichung, wie im Brief an Willi Wiener geschrieben steht, in der Tat

„sehr schön" ist: Atome senden Licht aus, und zwar in genau festgelegten Farben, sichtbar als Spektrallinien, als einzelne Linien im Spektrum des Regenbogens von Rot über Orange, Gelb, Weiß und Grün bis Blau und Violett. Dabei erzeugt jedes Atom sein eigenes, ganz spezifisches Muster aus Spektrallinien. Die Erklärung dafür liefert die Schrödinger-Gleichung: Jede Spektrallinie entspricht dem Übergang eines Elektrons von einem Energieniveau in ein anderes. Diese Differenz wird als Licht in einer ganz bestimmten Farbe ausgestrahlt. Astronomen können anhand der spezifischen Linienmuster Atome und Elemente auf fernen Planeten und Sternen identifizieren – das Spektrallinienmuster, sozusagen ein Fingerabdruck aus den Tiefen des Alls.

Eine wichtige Ergänzung zur Schrödinger-Formel zur Erklärung der Architektur des Atoms liefert das sogenannte „Pauli-Prinzip", benannt nach dem Physiker Wolfgang Pauli. Von den verschiedenen Lösungen der Schrödinger-Gleichung, die für ein Elektron in Frage kommen, nimmt jedes der kleinen Teilchen genau eine für sich in Anspruch. Anders ausgedrückt, jedes Elektron hat seinen Platz, den es mit keinem anderen Elektron teilen muss. Noch bildlicher ausgedrückt: Es gibt viele Sessel im Atom. Aber niemals besetzen zwei Elektronen den gleichen. Das „Ausschließungsprinzip nach Pauli" nennen Physiker diese bis heute noch nicht erklärte Tatsache.

Wenn man jetzt ganz genau sein will, ist das Ganze viel komplizierter. Es sind immer zwei Elektronen, die sich auf einem Energieniveau befinden, sie unterscheiden sich in der sogenannten vierten Quantenzahl, dem Spin. Als Schrödinger seine Gleichung zu Papier brachte, war dies jedoch noch nicht bekannt. Seine Gleichung ist in ihrer Universalität ohne Frage eine Kandidatin für den Titel einer Weltformel, so die allgemeine Ansicht unter Fachleuten.

Der 1887 in Wien geborene Sohn eines Botanikers promovierte 1910 in Wien. Seine beruflichen Stationen führten ihn nach

Jena, Stuttgart, Breslau und Zürich, ab 1927, durch seine Formel berühmt geworden, lehrte er an der Universität Berlin als Nachfolger Max Plancks. 1933 flüchtete er aus Deutschland nach Oxford, wo ihm das Magdalen College vorerst eine Gastprofessur angeboten hatte. In diesem Jahr erlebte er auch seinen größten beruflichen Triumph: die Zuerkennung des Nobelpreises für Physik, gemeinsam mit Paul Adrien Dirac. 1935 verzichtete er als erklärter Gegner des Nationalsozialismus endgültig auf seinen Berliner Lehrstuhl und suchte Zuflucht in Graz. 1938 verschlug es ihn und seine Familie nach Irland, wo er in Dublin Professor für theoretische Physik und Quantentheorie wurde. Als 69-Jähriger kehrte er 1956 nach Österreich zurück. Er war einer der Mitbegründer des „Forum Alpbach" und lebte auch teilweise in Tirol. Am 4. Jänner 1961, 73 Jahre alt, starb Erwin Schrödinger in Wien.

Einstein-Podolsky-Rosen –
wo sich Einstein irrte

Das Handy klingelt … Nein, es war nicht Albert Einstein, der da beim Wiener Physiker Herbert Balasin anrief, um seinen Unwillen mitzuteilen, seinen Ärger darüber, dass die Physiker noch immer die Realität der Wirklichkeit bestreiten. Dass sie gleichsam immer noch behaupten, die Welt träte erst in die Existenz, wenn man morgens die Augen öffnet.

Sehr kleine Kinder meinen ja mitunter, dass die Dinge verschwinden, wenn sie nicht mehr hinschauen, und erst wieder da sind, wenn man sie auch sieht. Ein erwachsener Mensch, der solches ernsthaft glaubt, würde wohl unverzüglich in eine Nervenheilanstalt eingeliefert, zu seinem eigenen Besten. Und doch: Genau das, etwas überspitzt formuliert, lehrt uns heute die Quantenphysik.

Es war auch nicht Gott, der anrief, um irgendetwas über das Würfeln klarzustellen. Jener Gott, von dem Einstein oft und gern sprach, und den er mitunter etwas respektlos als „den Alten" bezeichnete.

„Gott würfelt nicht." Mit diesem berühmten Ausspruch wollte sich Einstein eigentlich nicht über Gott äußern. Der berühmteste Physiker aller Zeiten wollte etwas über die Welt sagen, über das Universum, so wie er es studierte und verstand. Er hatte 1905 mit seiner Arbeit zum Photoeffekt einen wesentlichen Beitrag zur Quantentheorie geliefert und sie bis etwa 1925 wesentlich mitgestaltet. Sicher mehr als die Hälfte der quantentheoretischen Erkenntnisse vor diesem Jahr stammt von Albert Einstein. Doch dann trat eine jüngere Generation auf den Plan, allen voran Werner Heisenberg, mit ihm dessen Lehrer und Vaterfigur Niels

Bohr, nicht zu vergessen Wolfgang Pauli, Erwin Schrödinger, Max Born oder Paul Adrien Dirac. Ihre neuen Erkenntnisse gefielen Einstein nicht mehr.

Wie kann es in der Physik überhaupt dauerhaften Streit geben, könnte man mit einigem Recht fragen. Ihre Ergebnisse werden durch Messung überprüft. „Messen, was messbar ist, und messbar machen, was noch nicht messbar ist" – an diesem Arbeitsprinzip der Naturwissenschaft, dereinst von Galileo Galilei formuliert, hatte sich nichts geändert.

Wenn aber gemessen wird, dann gibt die Messung entweder dem einen oder dem anderen Recht. Und zwischen so vernünftigen und brillanten Menschen wie Einstein einerseits, Heisenberg oder Bohr andererseits sollten die Dinge dann auch rasch zu klären sein.

Das Problem besteht jedoch darin, dass sich manches nicht – oder zumindest nicht vollständig – messen lässt. Dieser Umstand bildet genau genommen den Kern der Quantenmechanik, so wie Heisenberg sie aufbaute. Und er postulierte: *Was sich nicht messen lässt, das existiert schlicht nicht.*

Heisenberg hatte die nach ihm benannte Unschärferelation gefunden, eine unabweisbare Konsequenz aus den Erkenntnissen der Quantentheorie. Es war erst der Anfang. Danach kamen immer weitere Unschärfen, Unbestimmtheiten hinzu. Demnach sind Eigenschaften von Teilchen auf Quantenebene einfach nicht festgelegt. Sie entziehen sich der Messung, und das fundamental. Man kann dann zum Beispiel den Impuls sehr genau messen, aber dann ist der Ort unbekannt, an dem sich das Teilchen befindet. Oder man misst den Ort sehr genau, dann ist aber der Impuls unbekannt. Prinzipiell kann man alles messen, aber nicht immer alles gleichzeitig.

Es wird immer wieder versucht, für diesen Befund Vergleiche aus der uns bekannten Wirklichkeit zu finden. Sie hinken alle, es gibt solche Vergleiche nicht, jedenfalls keine wirklich treffenden, weil ein solcher Zustand in der Makrowelt einfach nicht existiert.

Beispielsweise ist es nicht so, wie manchmal gesagt wird, dass die Unbestimmtheit der Quantenteilchen mit der Unschärfe eines bewegten Gegenstands auf einem Foto vergleichbar wäre. Jeder kennt dieses Phänomen: Ein fahrendes Auto sieht auf einem Lichtbild verwischt aus, je schneller es ist, desto mehr. Sportfotografen liefern solche Bilder gern von Formel-1-Rennen. Die Belichtungszeit einer Kamera kann nicht unendlich kurz sein, und so hinterlässt ein bewegter Gegenstand auf dem Film eine Spur statt seiner scharfen Konturen. Niemand zweifelt aber daran, dass sich der Bolide, wenn es denn ein Formel-1-Rennen war, zu jedem beliebigen Zeitpunkt an einer exakt definierten Stelle befand, und nicht unbestimmt irgendwo mittendrin.

Genau das ist in der Quantentheorie aber nicht so. Die Unbestimmtheit der Quanteneigenschaften besteht *nicht* in einer Unschärfe des Bildes, einer Ungenauigkeit des Messgeräts, einer zu langen Verschlusszeit der Kamera, sondern sie ist fundamental: Die Unschärfe ist wirklich da. Es gibt keinen Ort, an dem das Teilchen sich „wirklich" befindet. Sein Aufenthaltsort ist – eine Wolke. Ein Teilchen befindet sich nur mit einer bestimmten Wahrscheinlichkeit an einem bestimmten Ort, aber ob das Teilchen sich dort tatsächlich befindet, weiß keiner. Ähnliches gilt für andere Quanteneigenschaften, von denen manche überhaupt völlig abstrakt werden: die Hauptquantenzahl, die Nebenquantenzahl, der Spin. All das sind für uns Zahlen. Es existiert dafür kein anschaulicher Vergleich, auch wenn manchmal gesagt wird, der Spin sei so etwas wie die Rotation oder der Eigendrehimpuls des Teilchens. Auch dieser Vergleich hinkt.

Und sie alle unterliegen der Unbestimmtheit. Was aber sagt uns die Quantentheorie dann, wenn sie ohnehin nichts weiß? Nun, eines kennt sie doch: *Wahrscheinlichkeiten*. Die moderne Physik lehrt zwar, dass nichts sicher ist, aber doch Wahrscheinlichkeiten existieren – und die sogar unverrückbarer als alles andere.

Wenn dem aber so ist, wie kommen wir zu unserer stabilen Welt, in der die Dinge nicht unbestimmt, verschwommen sind? Das ist ein Effekt der großen Zahlen, sagen Quantenphysiker. Ein Gramm Materie etwa besteht aus 10 hoch 23 Elementarteilchen. Jedes einzelne davon könnte irgendwo sein, unbestimmt, hier oder auch am anderen Ende des Universums. Das ist nicht zu sagen. Nur im Mittel befinden sie sich alle da, im Durchschnitt sozusagen.

Hier kommt nun Gottes Würfel ins Spiel, von dem Einstein so gern sprach. Ein Berg steht dort, wo er steht, sollte man glauben. Aber dass er dort steht, ist laut Quantentheorie nur ein statistischer Effekt. Es ist in der Tat wie beim Würfeln, auch da ergibt sich durchschnittlich eine präzise Augenzahl von 3,5.

Konkret: Würfelt man eine Milliarde Mal mit einem normalen Würfel, so wird das Ergebnis im Mittel 3,5 sein, und das mit grandioser Präzision. Aber natürlich ist kein einziger konkreter Wurf auf 3,5 gefallen. Die Augenzahlen haben sich gleichmäßig auf die Eins bis zur Sechs verteilt. Ebenso ist es mit unserem Berg. Er steht nur durchschnittlich da, wo er steht. Über seine Elementarteilchen lässt sich mit Bestimmtheit gar nichts sagen, gerade so wenig wie über den konkreten einzelnen Wurf beim Würfeln.

Einstein fand das unerhört. Er konnte es bis an sein Lebensende nicht glauben.

Nun ist es keineswegs so, dass Einstein sich gegen die Quantentheorie gewandt hätte, wie oft zu hören ist. So dumm war er nicht. Er kannte die zwingenden Berechnungen Heisenbergs und seiner Mitstreiter und wusste, dass sie fehlerlos waren. Aber es gab doch noch eine Möglichkeit, die Wirklichkeit auch auf Quantenebene zu retten, wie er meinte: Die Quantentheorie konnte unvollständig sein. Es konnte Dinge geben, die dem Wahrscheinlichkeitsspuk ein Ende machen würden. „Verborgene Parameter" – so lautete das Zauberwort. Versteckte Größen, Eigenschaften und Mechanismen, die wir noch nicht kennen, so Einsteins These, würden die Unbestimmtheiten aus der Welt schaffen und unter der Oberfläche doch für klare Verhältnisse sorgen.

Die Quantenwelt, so diese Überlegung, erscheint uns derart verrückt, irreal, weil wir ihre innersten Mechanismen gar nicht kennen. Die Quantentheorie beschreibt lediglich ein oberflächliches Bild. Darunter liegen die eigentlichen, die innersten Antriebe der Welt verborgen. Die Quantenmechanik wäre demnach eine heuristische und keine fundamentale Theorie.

Die Auseinandersetzung darüber wogte über Jahre, und Schauplatz waren meist die schon erwähnten Solvay-Konferenzen, zu denen ein belgischer Industrieller die Größen der Physik in unregelmäßigen Abständen einlud. Die Sache spielte sich meist so ab: Morgens brachte Einstein einen Grund vor, wie und warum seine „verborgenen Parameter" existieren könnten. Bis zum Abend hatten Heisenberg, Pauli, Bohr und die anderen seine Argumente widerlegt.

Über Nacht dachte Einstein sich den nächsten Grund aus und trug ihn am nächsten Tag vor. Am Abend musste er sich wieder geschlagen geben. Die Quantenmechaniker hatten seine Argumente für „verborgene Parameter" widerlegt. Solche gibt es nicht, sagten sie. Allerdings, dass es etwas nicht gibt, lässt sich immer schwer beweisen. Andererseits konnte Einstein auch kein wirksames Argument für seine These finden.

Das ging so bis 1935. In diesem Jahr gelang Einstein gemeinsam mit Boris Podolsky (1896–1966) und Nathan Rosen (1909–1995) doch eine Konstruktion, ein Gedankenexperiment, dem auch der unermüdliche Heisenberg, der scharfsinnige Pauli und der souveräne Bohr nichts entgegenzusetzen hatten. Bekannt wurde es als „EPR-Paradoxon", gemäß den Anfangsbuchstaben der Namen der drei Erfinder.

In der Quantenwelt entstehen bei manchen Reaktionen zwei Teilchen, von denen man weiß, dass sie in einer bestimmten Eigenschaft einander exakt entgegengesetzt sind. Beispielsweise könnte eines der Teilchen schwarz, das andere weiß sein. Anmerkung: Natürlich kommt gerade dies nicht in Frage. Teilchen auf Quantenebene sind weder schwarz noch weiß, noch sonst wie farbig. Sie definieren sich durch Eigenschaften wie etwa den erwähnten Spin von plus einhalb oder von minus einhalb. Oder sie sind horizontal polarisiert oder vertikal polarisiert oder anderes mehr. Auf die konkrete Eigenschaft kommt es beim EPR-Paradoxon aber nicht an. Man kann der Einfachheit halber also bei schwarz und weiß bleiben.

Auch die konkrete Reaktion ist bedeutungslos. Es könnte sich um die Kollision zweier Teilchen handeln, aus der zwei andere hervorgehen. Oder, anderes Beispiel, die beiden Teilchen materialisieren sich aus einem Energieblitz. Es gibt viele Geschehnisse in der Quantenwelt, bei denen Teilchen paarweise erzeugt werden und die für die Konstruktion des EPR-Paradoxons in Frage kommen. Einstein, Podolsky und Rosen mussten für ihre gedankliche Demonstration all diese technischen Details sehr wohl bedenken. Für den fundamentalen Gedankengang sind sie aber unwichtig.

Aber zurück zum Kernproblem. Wie gesagt, gibt es eine Reaktion, bei der ein Teilchenpaar entsteht. Die beiden sind gleichsam Zwillinge, sie gleichen einander aufs Haar, nur in einer Eigenschaft sind sie exakt konträr: schwarz und weiß.

Man weiß nicht, welches der beiden das schwarze, welches das weiße Teilchen ist. Das lässt sich unmittelbar nicht sagen, es fällt unter die Unbestimmtheit. Es ist laut Quantentheorie zufällig. Solange man die Objekte nicht beobachtet, kann man nicht sagen, welches der beiden schwarz oder weiß ist. Welche Eigenschaft besitzt es nun, solange wir es nicht beobachten? In der realen Welt würden wir sagen: Na ja, es ist schwarz oder weiß. Nicht so in der Quantenmechanik. In dieser Theorie ist das eine Teilchen gleichzeitig schwarz *und* weiß und das andere Teilchen ebenso schwarz *und* weiß. Erst bei der Messung muss sich ein Teilchen für eine Farbe entscheiden – natürlich muss sich dann das andere Teilchen ebenfalls für eine Farbe entscheiden, nämlich für die entgegengesetzte.

Misst man allerdings nach, dann fällt die Unbestimmtheit in sich zusammen. Das Teilchen zeigt seine Farbe. Offenbar muss man nur ein Teilchen bestimmen, das andere ist ja mit Sicherheit entgegengesetzt und daher dann auch festgelegt. Die beiden Teilchen sind somit verschränkt, „entangeled". Ein Ausdruck, der vom Wiener Physiker Erwin Schrödinger stammt. Sie stehen auch nach ihrer Trennung noch in einer Art Verbindung. Für welche Farbe immer sich das eine entscheidet, es legt damit auch die Farbe des anderen fest.

Das Teilchen entscheidet sich erst in dem Moment für eine Farbe, in dem es auf ein bisher unbeteiligtes Messteilchen trifft, für Schwarz oder Weiß und färbt das Messteilchen dementsprechend. Nehmen wir an, es sei schwarz. Das bedeutet aber, dass der Partner des ursprünglichen Zwillingspaars im selben Moment die Eigenschaft „weiß" annimmt, und zwar exakt und präzise im selben Moment. *Die Verschränkung ist aufgehoben, sie haben sich voneinander gelöst. Ab nun ist tatsächlich eines der Teilchen schwarz, das andere weiß.*

Ja, würde Heisenberg nun sagen, genau so ist es. Was spricht dagegen? Aber das ist unmöglich, triumphiert nun Einstein. Erinnern wir uns: Die Teilchen flogen auseinander, für lange Zeit. Sie legten, jedes für sich, eine Million Lichtjahre zurück. Ergibt mal zwei eine Entfernung von zwei Millionen Lichtjahren.

Wenn aber der Partner unmittelbar, im selben Moment die richtige Farbe annimmt, wenn diese Übertragung tatsächlich in Nullzeit geschieht, wie Heisenberg behauptet, dann, so sagt Einstein, findet hier eine Informationsübermittlung mit Überlichtgeschwindigkeit statt. Und das ist unmöglich. Die Lichtgeschwindigkeit ist im Universum das absolute, unübertreffbare Maximum. Nichts kann schneller sein als das Licht, als jene rund 1 Milliarde Stundenkilometer.

Nichts kann die Zeit überholen, und so ist auch eine Informationsübertragung zwischen den beiden verschwisterten EPR-Teilchen nicht mit Überlichtgeschwindigkeit möglich. Wenn die Dinge so passieren, wie Heisenberg sagt, dann würde hier die Lichtgeschwindigkeit überschritten. Ein Widerspruch. Etwas kann an der Sicht Heisenbergs und seiner Genossen nicht stimmen.

Es muss doch „verborgene Parameter" geben, welche die Farbe unserer Teilchen von Anfang an festgelegt hatten, triumphiert Einstein. Wir konnten sie vielleicht nicht feststellen, aber sie waren da. Der Mond beginnt doch nicht erst zu existieren, wenn er gemessen wird, sagt Einstein. Darauf wusste Heisenberg im Moment nichts zu antworten. Er glaubte Einstein zwar nicht, wie die meisten Physiker seiner Generation, aber eine Gegenantwort hatte er auch nicht. Das EPR-Paradoxon steckte wie ein Stachel im Fleisch der Quantentheorie. Es sollte noch 30 Jahre dauern, bis John Bell die Lösung für dieses Problem finden konnte.

So verrückt das Experiment auch klingt, es funktionierte und wurde von Alain Aspect im Jahr 1980 gemessen. Man verwendete zwei Photonen, welche eine identische Energie und Phase hatten und in entgegengesetzte Richtungen flogen. Die beiden Teilchen unterschieden sich nur dadurch, dass sie unterschiedlich polarisiert waren. Zu Beginn des Experiments waren beide Teilchen horizontal *und* vertikal polarisiert. Mit der Messung mussten sich die Teilchen für eine Polarisationsrichtung entscheiden – horizontal *oder* vertikal. Mit aufwendigen Statistiken konnte man zeigen, dass die Teilchen sich erst beim Messprozess für eine Polarisationsrichtung „entscheiden".

Dieses Experiment, das dazu diente, die Quantenmechanik aus den Angeln zu heben, dient heute der Bestätigung dieser Theorie. Ja, es geht sogar so weit, dass man dieses Experiment für den Alltag verwenden kann. Basierend auf dem EPR-Experiment kann man zum Beispiel zwischen einem Bankomaten und einer Bank eine garantiert abhörsichere Verbindung aufbauen. So können Grundlagenexperimente, die zum besseren Verständnis der Theorie dienen sollten, helfen, den Alltag sicherer zu machen.

Bell – die berühmtesten Ungleichungen der Welt

Gleichungen erklären uns die Welt. Sie sagen uns vielleicht nicht, was das „Wesen allen Seins" sei oder „was wir morgen Mittagessen werden", aber sie teilen uns doch mit, wie die Welt funktioniert. Formeln, diese papierenen Gebilde mit dem berühmten Ist-gleich-Zeichen in der Mitte, machen die Dinge nicht unbedingt begreiflich, aber sie machen sie berechenbar. Das ist doch schon etwas.

Manchmal muss es nicht einmal eine klassische Gleichung sein. Manchmal genügt auch ihre Verallgemeinerung – eine sogenannte Ungleichung. Die Bellschen Ungleichungen sind gegenwärtig die wahrscheinlich berühmtesten Ungleichungen der Welt.

Eine Ungleichung bildet durchaus kein Ungetüm. Sie ähnelt einer Gleichung weitgehend, mit einer Ausnahme: In der Mitte steht statt des bekannten Ist-gleich-Zeichens ein Zeichen mit dem Namen „ist ungleich". Die Ungleichung sagt: Zwei Dinge sind definitiv nicht gleich. In den allermeisten Fällen sagt sie sogar, welcher von zwei Parametern der größere ist. Die Bellschen Ungleichungen sind von dieser Art. Sie lassen sich aus der modernen Physik nicht wegdenken, gelten sie doch als *der* Beweis für die Richtigkeit der Quantentheorie insgesamt. Sie beweisen die Zuverlässigkeit unzähliger anderer Formeln und Gleichungen der Quantenmechanik, die die Welt zwar, wie gesagt, nicht erklären, aber sie doch berechenbar machen.

Der Ire John Stewart Bell, geboren 1928 in Belfast, fand seine berühmten Ungleichungen 1964. Einen Nobelpreis erhielt er dafür nicht. Er starb kurz nach seiner Nominierung im Jahr 1990 – ein paar Monate zu früh wahrscheinlich. Posthum wird der Preis nicht vergeben, so bestimmen es die Regeln, die Alfred Nobel für seinen Preis festgelegt hat. Noch dazu wird für reine Theorie ebenfalls kein Preis vergeben. Erst muss der experimentelle Nachweis gelingen, dann winkt die Belohnung ... Der experimentelle Nachweis im Zusammenhang mit Bells Ungleichungen war erst kurz vor Bells Tod dem französischen Physiker Alain Aspect (* 1947) gelungen.

Was wollen uns die Bellschen Ungleichungen eigentlich sagen? Um das zu verstehen, muss man ganz von vorne anfangen, bei den Fundamenten der *Quantentheorie*. Die Quantentheorie ist jenes Gebilde, deren Gleichungen uns das Verhalten der kleinsten und elementarsten Teilchen berechnen lassen. Es handelt sich dabei um die allerkleinsten Teilchen, aus denen jegliche Substanz in der Welt auf je verschiedene Weise aufgebaut ist. Das gilt für Materie ebenso wie für Energie oder etwa für Licht – hier heißen die Teilchen *Photonen*, ein Ausdruck, den Albert Einstein für sie erfand.

Diese Teilchen folgen der sogenannten „quantentheoretischen Unbestimmtheit". Auf Englisch heißt sie „Uncertainity". Bekannt ist sie auch als „Unschärfe". Diesen Ausdruck verwendete Werner Heisenberg, jener Physiker, der sich als erster über eine solche Unbestimmtheit klar wurde. Sehr bald stellte sich heraus, dass sie nur eine von vielen Unbestimmtheiten war, mehr noch, dass in der Quantentheorie die Unbestimmtheit oder Unschärfe eine allgemeine Tatsache darstellt.

Mit der Unschärfe oder auch dem Begriff der Wahrscheinlichkeit geht man in exakten Wissenschaften nur sehr ungern um. Lieber wäre es den PhysikerInnen, ein klares Messergebnis zu haben und keine Wahrscheinlichkeitsverteilung. Was verursacht die Wahrscheinlichkeiten? Warum geht das Teilchen den Weg A und nicht den Weg B? Es muss doch einen Grund dafür geben. Einstein und viele andere Physiker der damaligen Zeit vermuteten, dass es noch sogenannte „verborgene Parameter" gibt, welche die Wahrscheinlichkeiten verursachen. Vielleicht gibt es noch eine unbekannte Kraft oder etwas Verborgenes, das wir bis heute nicht beobachtet haben und das die Teilchen beeinflusst. Da wir diese Kraft noch nicht kennen, würden wir nur die Wahrscheinlichkeiten messen.

1960 machte sich ein junger Physiker namens John Bell an die mathematische Berechnung. Er ersann eine Methode, um das Vorhandensein der „verborgenen Parameter" tatsächlich zu beweisen. Wohlgemerkt ging es Bell nicht darum, sie tatsächlich zu entdecken geschweige denn sie zu verstehen, sondern darum, dass es sie gab und dass die weitere Suche danach Sinn macht.

Genau genommen nicht einmal das. Selbst hartgesottene Physiker geben zumindest in schwachen Stunden zu, dass es wohl Dinge zwischen Himmel und Erde gibt, die sie nie und nimmer mit ihrer Wissenschaft in den Griff bekommen werden. Bells Formeln, so dessen Idee, würden die „verborgenen Parameter" also nicht ans Licht bringen. Sie würden noch nicht einmal Sicherheit geben, dass dies jemals gelingen wird. Aber sie würden doch zeigen, dass sie existieren und im Verborgenen wirken.

Bell musste nun einige Eigenschaften der Wirklichkeit mathematisch definieren. Üblicherweise geht man von drei fundamentalen Eigenschaften der Wirklichkeit aus, und die würde man auch von jeder Theorie, die diese Wirklichkeit beschreiben will, erwarten:

Realismus

Das bedeutet schlichtweg, dass die Realität tatsächlich existiert. Konkret heißt dies, dass sie von der Beobachtung und einem Beobachter unabhängig existiert, dass da draußen etwas ist, das nicht davon abhängt, dass wir es wahrnehmen. Es existiert unabhängig von uns, und es existiert auch weiter, wenn man gerade mal nicht hinschaut. Schließt man die Augen, dann verschwindet die Welt nicht einfach, sondern sie besteht davon unbeeinflusst weiter.

Realismus in diesem Sinn bedeutet gleichzeitig, dass die Information über alle Teile, Parameter und Messgrößen schon *vor* jeder Messung oder Beobachtung in der Welt oder im System, wie Physiker sagen, enthalten sind. Eine Messung oder Beobachtung misst oder beobachtet tatsächlich etwas, das *da* ist. Dies bedeutet: Durch Messung oder Beobachtung wird etwas *fest*gestellt, nicht aber etwas *her*gestellt.

Zusammenfassend lässt sich festhalten: Die Wirklichkeit existiert; sie ist von einer Wahrnehmung unabhängig; sie ist festgelegt, bestimmt, auch ohne Wahrnehmung oder Beobachtung. Das Beispiel vom fallenden Baum in einem Wald wird gerne als Vergleich verwendet. Ein Baum fällt um und macht dabei einen Mordskrach. Aber niemand hört diesen Krach. Hat es diesen Krach trotzdem gegeben, auch wenn es niemand gehört hat? Für die Physik hat es einen Krach gegeben, auch wenn er nicht gehört wurde. Auch ohne Messung und Beobachtung fand das Ereignis statt.

Lokalität

Die Dinge existieren an einem bestimmten Ort und zu einer bestimmten Zeit, also an einem festen definierten Punkt im Raum-Zeit-Kontinuum *und* sie können einander nur im Weg der Signalübertragung beeinflussen. Dafür wiederum ist die Lichtgeschwindigkeit die oberste Grenze. Nur wenn die Reise von einem Ort oder Ereignis zu einem anderen mit Lichtgeschwindigkeit möglich ist, kann das eine Ereignis das andere beeinflussen. Es gibt keine Beeinflussung mit Überlichtgeschwindigkeit, keine unmittelbare Wirkung, keine „instantane Fernwirkung" oder auch „spukhafte Fernwirkung", wie Einstein es je nach Laune nannte. Gleichbedeutend damit ist die These, dass die Lichtgeschwindigkeit eben die höchste erreichbare Geschwindigkeit darstellt. Könnte sie durch irgendetwas überschritten werden, wäre Lokalität nicht mehr gegeben.

Jetzt könnte man fragen: Warum nicht? Weil in diesem Fall Vergangenheit und Zukunft nicht mehr eindeutig bestimmbar wären. *Lokalität* ist also gleichbedeutend mit der Auffassung, dass für jedes Ereignis im Universum klar ist, welche anderen Ereignisse aus seiner Sicht in seiner Vergangenheit liegen – es daher mit Lichtgeschwindigkeit erreichen und es somit beeinflussen können – und welche in seiner Zukunft liegen. In diesem Fall gilt das Gegenteil: Das erste Ereignis ist durch das zweite Ereignis nicht erreichbar (mit Lichtgeschwindigkeit) und kann es eben nicht beeinflussen. Die Zukunft kann die Vergangenheit nicht steuern.

Das definiert, muss man dazusagen, für uns alle Vergangenheit und Zukunft: Vergangenes kann Zukünftiges beeinflussen, umgekehrt Zukünftiges aber *nicht* Vergangenes.

Damit wieder untrennbar verbunden ist *Kausalität*, die eindeutige Kette von Ursache und Wirkung: Eine Wirkung kann eine Ursache (in ihrer Vergangenheit) haben, in diesem Fall kann jedoch jene Wirkung nicht zur Ursache ihrer eigenen Ursache werden. Beispiel: Nur wenn eine Kanonenkugel *erst* abgeschossen wurde (Ereignis A), kann sie *später* irgendwo einschlagen (Ereignis B). Es kann der *spätere* Einschlag nicht zur Ursache des *früheren* Abschusses werden. Anders gesagt: Es kann der Einschlag nicht plötzlich in die Vergangenheit des Abschusses beziehungsweise der Abschuss in die Zukunft des Einschlags rutschen. Und ob aus Sicht des Ereignisses B das Ereignis A in seiner Vergangenheit liegt (dessen auslösendes Moment sein kann), ist eben definiert dadurch, dass es (B) von A mit Lichtgeschwindigkeit erreicht werden kann.

Nichts kann die Lichtgeschwindigkeit überschreiten, kann sich schneller ausbreiten. Könnte ein Signal, ein auslösendes Moment die Lichtgeschwindigkeit überschreiten, dann wird damit zugleich die Wohlordnung von Vergangenheit und Zukunft ruiniert wie auch die eindeutige Kette von Ursache und Wirkung, die Kausalität. All das geriete plötzlich durcheinander.

Zusammenfassung: Diese Dinge hängen unmittelbar voneinander ab: die Unmöglichkeit, die Lichtgeschwindigkeit zu überschreiten, die Eindeutigkeit von Vergangenheit und Zukunft und die Eindeutigkeit der kausalen Kette, der Ursache-Wirkung-Beziehung zweier getrennter Ereignisse. All das wird insgesamt eben als Lokalität (mitunter auch als Einstein-Separabilität) bezeichnet.

Kontrafaktorische Bestimmtheit

Diese hört sich als die komplizierteste inhärente Voraussetzung der Bellschen Ungleichungen an, ist aber in Wahrheit die einfachste. Es besagt lediglich, dass es nur *eine* Wirklichkeit gibt. Oder: In der (einen) Wirklichkeit sind festgestellte Eigenschaften eindeutig: Ein ganz bestimmter Apfel kann in der einen Wirklichkeit nicht zugleich rot und grün, eine Tür nicht zugleich offen und verschlossen sein. Die Erde kann nicht im Uhrzeigersinn rotieren, wenn sie sich zugleich gegen den Uhrzeigersinn bewegt. Ein Photon kann nicht zugleich vertikal und horizontal polarisiert sein usw.

Nun also zurück zur Bellschen Ungleichung: Gilt die Bellsche Ungleichung, ist alles in Ordnung. Alle drei Voraussetzungen sind erfüllt und „verborgene Parameter" beeinflussen die Messungen. Tatsächlich zeigen aber Messungen in Experimenten, dass die Ungleichung nicht erfüllt ist. Das bedeutet, dass eine der drei völlig selbstverständlichen Voraussetzungen *nicht* erfüllt ist. Mindestens eine davon trifft einfach nicht zu. Bell lehrt uns, dass keine Theorie, kein Modell, kein Erklärungsgebäude die Wirklichkeit in Experimenten richtig beschreibt. Anders formuliert bedeutet das: *Eine Theorie, die alle drei Eigenschaften besitzt, wird definitiv falsch sein.*

Somit kann man schließen, dass ein Experiment selbst nicht alle drei Eigenschaften besitzen kann. Entweder es existiert überhaupt nicht, ohne dass es wahrgenommen wird – also nach dem Kinderglauben: Augen zu, Experiment weg –, oder es geraten Zukunft und Vergangenheit durcheinander. Es könnte aber auch mehrere, viele Wirklichkeiten geben.

Natürlich könnten auch zwei oder alle drei dieser Auffälligkeiten zugleich der Fall sein. Aber selbst wenn nur eine auftritt, ist das ein starkes Stück.

Leider sagt die Bellsche Ungleichung nichts darüber aus, welche der drei Voraussetzungen bei einem Experiment nicht erfüllt sind, und so gibt es auch drei verschiedene Schulen, die das Trilemma auf ihre je eigene Art lösen:

1. Möglichkeit: Die Realität eines Experiments ist nicht real, also nicht von ihrer Beobachtung unabhängig. Das wäre eine Art idealistische Interpretation der Angelegenheit. Wirklich ist nur, was ich sehe und solange ich es sehe. Einige Physiker behaupten das.

2. Möglichkeit: Wirklichkeit ist nicht lokal. Vergangenheit und Zukunft verschwimmen und geraten durcheinander, gleichbedeutend mit der Behauptung, Überlichtgeschwindigkeit sei möglich. Die Anhänger dieser Idee stellen fraglos die überwiegende Mehrzahl der heutigen Forscher dar.

3. Möglichkeit: Die Wirklichkeit ist nicht eindeutig. Alles in diese Richtung Gehende bezeichnet man als „Viele-Welten-Theorien", davon existieren auch einige und Interessierten sind solche Versuche in populärwissenschaftlichen Schriften sicher schon öfter begegnet. Eine große Problematik aller „Viele-Welten-Theorien" muss man auch noch erwähnen: Es müsste dabei für jede einzelne andere Möglichkeit eine eigene Welt geben, also für jeden roten Apfel die Gegenwelt, in der alles Sonstige gleich, aber dieser eine Apfel grün ist. Das gilt aber für jeden Apfel und weiters für jedes Objekt im Universum sowie für alle seine Eigenschaften. Die Anzahl der Welten in einer „Viele-Welten-Theorie" wird also zwangsläufig vollständig uferlos. Und sie vervielfacht sich noch in jeder Sekunde, die das Universum weiter besteht –

das eben in diesem Fall kein Universum wäre, sondern ein „Multiversum".

Wie gesagt, jede der drei Möglichkeiten ist für den gesunden Hausverstand eher ungemütlich. Eine der drei Unbegreiflichkeiten genügt. Bell und seine Ungleichung geben keinen Anlass zu behaupten, wie es Esoteriker und metaphysisch gesinnte Propheten gern tun, dass gleich mehrere der Unzulänglichkeiten auf unsere Welt und auf die Natur zutreffen. Theoretisch könnte wohl auch das der Fall sein, aber Bell liefert dafür eben keine Begründung. Bell konnte „nur" zeigen, dass es in Experimenten, welche die Quantenmechanik betreffen, zu Problemen mit der Lokalität, der Realität oder der gemeinsamen Messbarkeit kommt. Da die Welt aus vielen quantenmechanischen Einzelphänomenen besteht, mitteln sich diese wieder weg und alles ist für den Alltag in Ordnung.

Mit den Berechnungen ging Bell in die Geschichte der Physik ein. Seine Ungleichungen sind heute der schlagende Beweis dafür, wie wichtig die Erkenntnistheorie für die Physik ist. Bell bewies nämlich das Gegenteil dessen, was er beweisen wollte: Es gibt keine „verborgenen Parameter", es gibt sie mit Sicherheit nicht. Die Bellschen Ungleichungen zeigen, was selbst Sokrates nicht geahnt hätte, der ja behauptet haben soll: „Ich weiß, dass ich nichts weiß." Wir wissen nicht nur nicht, wir wissen sogar, dass wir niemals wissen werden – zumindest was einzelne Experimente betrifft.

Einstein –
die berühmteste Formel der Welt

Die berühmteste Formel der Welt

$$E = mc^2$$

wurde von Albert Einstein (1879–1955) entdeckt. Sie ist ein Teil der Speziellen Relativitätstheorie, die die Auswirkung von relativen Bewegungen auf physikalische Größen beschreibt. Die Spezielle Relativitätstheorie beschreibt dabei die Bewegung von zwei Körpern, deren Relativgeschwindigkeit gleich bleibt, während in der Allgemeinen Relativitätstheorie sich diese Relativgeschwindigkeit auch verändern kann. Die Spezielle Relativitätstheorie fand Einstein bereits 1905, während er sich mit der Fertigstellung der komplizierteren und umfangreicheren Allgemeinen Relativitätstheorie noch bis zum Jahre 1916 herumschlug.

Was bedeutet nun *relativ* und *absolut*? Wir sind es ja aus dem Alltag gewohnt: Manche Aussagen sind relativ. Stellen Sie sich vor, Sie schauen einem Fußballspiel von der Längsseite zu. Das gegnerische Tor, in dem Ihre Mannschaft unter großem Jubel den Ball versenkt hat, steht von Ihnen aus gesehen auf der linken Seite. Aus der Sicht Ihres Freundes, der auf der anderen Seite des Spielfelds sitzt, steht das Tor aber auf der rechten Seite. Links und rechts sind relativ – ob ein Objekt links oder rechts steht, hängt vom Beobachter ab. Darüber, dass Ihre Mannschaft ein Tor erzielt hat, sind Ihr Freund und Sie und jeder andere Zuschauer sich hingegen einig. Diese Aussage ist in diesem Sinne absolut, nämlich nicht vom Beobachter abhängig.

Auch Einsteins Spezielle Relativitätstheorie beschäftigt sich mit der Frage, was relativ ist und was absolut – insbesondere was

Situationen betrifft, in denen sich Beobachter relativ zueinander bewegen. Verglichen mit unseren Alltagserfahrungen kommt die Theorie dabei allerdings zu unerwarteten Ergebnissen, die freilich seither in einer Vielzahl von sorgfältigen Experimenten bestätigt worden sind und die das Verständnis der Physiker von Raum und Zeit grundlegend umgekrempelt haben.

Einstein war ein weithin unbekannter Angestellter am Patentamt in Bern in der Schweiz, als er 1905 mit gerade einmal 26 Jahren die Spezielle Relativitätstheorie aufstellte, welche die Welt der Physik revolutionieren sollte. Diese Theorie verschaffte der Physik eine völlig neue Basis und sollte die Grundlage für die Erforschung des Universums legen. Es ist viel darüber diskutiert worden, wie Einstein auf seine Formeln kam. Eine wesentliche Rolle spielte sicherlich sein fester Glaube an die Einfachheit der Beschreibung der Natur. Der grundlegende Ausgangspunkt für ihn waren die von Michelson und Morley durchgeführten Experimente, die ergaben, dass die Lichtgeschwindigkeit von 300.000 Kilometer pro Sekunde immer gleich groß ist. Zunächst klingt diese einfache Aussage vollkommen verrückt und widerspricht dem gesunden Menschenverstand.

Einstein leitete aus der Tatsache dieser Konstanz der Lichtgeschwindigkeit die Gleichungen der Speziellen Relativitätstheorie ab. Er nahm einfach die Beobachtung ernst, dass die Lichtgeschwindigkeit in allen sich gleichförmig bewegenden Systemen immer gleich groß ist. Daraus folgen verblüffende Erkenntnisse, wie zum Beispiel, dass sich die Länge eines sich bewegenden Objekts verkürzt oder dass die Zeit dort langsamer vergeht. Nehmen wir einmal an, dass jeder von uns ein Metermaß bei sich trägt, ein Gerät für Messungen von Entfernungen im Raum. Alle diese Metermaße messen genau die Entfernungen. Doch wenn wir uns relativ zueinander bewegen, stimmen die Messungen nicht mehr überein. Sie messen verschiedene Entfernungen. Im Fachjargon der Physiker heißt dieser Effekt „Längenkontraktion". Ähnlich ist es mit der Zeit. Die Uhren, die jeder von uns trägt, gehen gleichermaßen genau. Doch wenn sie sich relativ zueinander bewegen, gehen die Uhren nicht mehr synchron. Sie messen unterschiedliche Zeitdauern. Dieser Effekt heißt in Physikerkreisen „Zeitdilatation". 1971 ließ man Cäsiumuhren, die die Zeit extrem genau messen können, in einem Verkehrsflugzeug der PanAm rund um die Erde fliegen. Als man die Uhrzeit der bewegten Uhren mit identischen Uhren verglich, die am Boden geblieben waren, stellte man fest, dass auf den bewegten Uhren weniger Zeit vergangen war. Der Unterschied war zwar mit ein paar hundert Milliardstel Sekunden winzig, entsprach aber genau den Vorhersagen der Speziellen Relativitätstheorie.

Im Juni 1905 versenkte Albert Einstein sein Manuskript mit der Beschreibung und den Formeln der Speziellen Relativitätstheorie in seinem Berner Briefkasten. Der Adressat des Päckchens war die wissenschaftliche Zeitschrift *Annalen der Physik*, wo er seine Arbeit zur Publikation einreichte. Bald darauf fiel ihm ein, dass er etwas vergessen hatte, nämlich eine der Schlussfolgerungen der Speziellen Relativitätstheorie, aus der die Formel $E = mc^2$ folgt. Im Sommer des Jahres 1905 arbeitete er dann diesen Aspekt aus, um es dann ebenfalls als Anhängsel an die *Annalen der Physik* zur Publikation zu schicken. Es ist schon merkwürdig, dass die berühmteste Formel der Welt nur eine Nachgeburt von Einsteins Genie war.

Was bedeutet nun diese einfache Formel? Sie ist zunächst einmal eine Gleichung. Das heißt, die physikalische Größe, die links in der Formel steht, ist gleich groß wie die rechts. Auf der linken Seite der Gleichung steht die Energie E und rechts die Masse m eines Körpers. In der Gleichung $E = mc^2$ ist der Umrechnungsfaktor, um Masse in Energie auszudrücken, gleich dem Quadrat der Lichtgeschwindigkeit c^2. Genauer gesagt ist die Energie E links des Gleichheitszeichens gleich der Energie, welche in der Masse eines Körpers enthalten ist. Man nennt diese Energie auch *Ruhenergie* zum Unterschied von der *Bewegungsenergie*, die auch noch dazukommt, wenn der Körper sich bewegt und nicht stillsteht. Die Gleichung $E = mc^2$ macht natürlich nur Sinn, wenn Ruhemasse in Energie umgewandelt werden kann und umgekehrt. Zum Beispiel sind Wasserdampf und Wasser nur zwei Erscheinungsformen ein und derselben Sache. Wasserdampf entsteht aus Wasser einfach durch Erhitzen. Kein Mensch würde auf die Idee kommen, dass Wasserdampf und Wasser zwei gänzlich verschiedene Dinge sind. Genauso sind Masse und Energie nur zwei unterschiedliche Erscheinungsformen, die unter bestimmten Bedingungen wie Wasserdampf und Wasser ineinander umgewandelt werden können.

Wo können wir Vorgänge beobachten, in denen Masse in Energie umgewandelt wird? Der in der Nähe des Ostseehafens Danzig, dem heutigen polnischen Gdańsk, geborene Physiker Fritz G. Houtermans (1903–1966) war der erste, der erkannte, dass die Energie der Sonne aus der Umwandlung von Atomkernen stammt, wobei Masse in Energie umgewandelt wird. Aber nicht nur in der Sonne, auch in den Sternen wird ununterbrochen Masse in Energie umgewandelt. Die Sonne scheint also am Tag und die Sterne leuchten in der Nacht vom Himmel, weil in ihnen ununterbrochen Masse in Energie umgewandelt wird. Houtermans bekam später eine Forschungsstelle in Göttingen, Deutschland. Schließlich war es im Jahr 1929 so weit: Houtermans konnte tatsächlich wissenschaftlich einwandfrei berechnen, warum die Sonne scheint und die Sterne leuchten. Kurz nach Fertigstellung der Arbeit ging er mit einem hübschen Mädchen in Göttingen spazieren. Sobald es dunkel wurde, bemerkte seine Begleiterin, wie schön doch die Sterne leuchten. Houtermans konterte nur trocken: „Und seit gestern weiß ich warum!" Immerhin war das Mädchen so beeindruckt, dass es ihn später heiratete.

Im Zentrum der Sonne werden in jeder einzelnen Sekunde fast 600 Millionen Tonnen Masse in Energie umgewandelt. Diese Menge würde ausreichen, um den europäischen Energiebedarf für etwa 4 Millionen Jahre zu decken. Die Asche der in der Sonne verbrennenden Wasserstoffkerne besteht aus Heliumkernen. Die

Masse der Heliumkerne ist um etwa 0,7 Prozent leichter als der Brennstoff Wasserstoff. Ein Kilogramm Wasserstoffkerne verschmilzt in der Sonne zu 0,993 Kilogramm Heliumkernen. Die überschüssige Masse von 0,007 Kilogramm wird in Energie umgewandelt. Dadurch wird Energie in der Sonne und auch in den meisten Sternen erzeugt.

Auch in Kernkraftwerken, bei Atom- oder Wasserstoffbomben entstehen gewaltige Energiemengen durch Reaktionen von Atomkernen. Die Gesamtmasse der Atomkerne nach der Kernreaktion ist einfach geringer als vor der Reaktion. Die überschüssige Masse wird in Energie umgewandelt. Aber selbst wenn man sich an einem Lagerfeuer wärmt, entstehen das Licht und die Wärme durch die Umwandlung von Masse in Energie. Die Masse der Atome ist nach der Verbrennung, wobei man natürlich auch die in die Luft entweichenden Gase mitberücksichtigen muss, etwas geringer als vorher. Nur wird bei solchen chemischen Vorgängen ein um eine Million kleinerer Anteil von Masse in Energie umgewandelt als bei den Kernreaktionen in der Sonne, den Sternen oder in einem Kernreaktor.

Der Faktor c^2 ist riesig, weil die Lichtgeschwindigkeit mit 300.000 Kilometer pro Sekunde bereits sehr groß und das Quadrat c^2 gleich c mal c noch einmal größer ist. Das bedeutet, dass eine kleine Masse, wenn man sie mit c^2 multipliziert, einer sehr großen Energie entspricht. Masse ist also im Endeffekt nichts anderes als extrem konzentrierte Energie. Wie groß ist die Energie, wenn sich die Masse des Buchs, das Sie gerade in der Hand halten, vollständig in Energie umwandeln würde? Auch wenn man sich das nicht vorstellen kann, so ergibt sich aus der Formel $E = mc^2$, dass dies einer Sprengkraft von etwa zehn Millionen Tonnen TNT entsprechen würde. Die gleiche Energie setzt eine Wasserstoffbombe frei. Gott sei Dank wird unter normalen Umständen nur ein geringer Teil der Masse in Energie umgewandelt. Falls Sie dieses Buch zum Beispiel verbrennen – was Sie hoffentlich nicht tun –, wird nur etwa ein Anteil von einem Milliardstel der gesamten Masse des Buchs in Energie umgewandelt. Wenn Sie allerdings die gesamte Masse umwandeln, würden Sie Ihre ganze Umgebung im Umkreis von 15 Kilometern in einem gewaltigen Energieblitz vollständig zerstören. Das soll noch einmal die Aussage der Formel $E = mc^2$ unterstreichen: Masse ist wirklich hoch konzentrierte Energie.

Nach dem großartigen Wurf, der ihm mit der Speziellen Relativitätstheorie gelungen war, wandte sich Einstein der wesentlich komplizierteren Allgemeinen Relativitätstheorie zu. Einstein bezeichnete selbst einmal die Spezielle Relativitätstheorie als ein Kinderspiel zu dem, was danach kam.

Wir schreiben das Jahr 1916. Auf den Schlachtfeldern Europas tobt der Erste Weltkrieg. In Berlin hat der 37-jährige Wissenschafter Albert Einstein seine eigenen Probleme, teilweise kriegsbedingt, teilweise auch persönlich verursacht. Einstein gilt zu diesem Zeitpunkt als ein angesehener und in Fachkreisen geschätzter Physiker. Jenes Idol der Wissenschaften, das er fünf Jahre später werden sollte, ist er zwar noch nicht, doch er legt gerade den Grundstein dazu.

Seit dem Frühjahr 1914 gehört Einstein der Berliner Akademie der Wissenschaften an. Er ist übrigens ihr jüngstes Mitglied. Zu Kriegsbeginn veröffentlicht die Akademie eine Deklaration, in der die ehrwürdigen Professoren den Krieg gutheißen, ihn als einen „gerechten Verteidigungskrieg" bezeichnen und die deutschen Kriegsanstrengungen ausdrücklich unterstützen. Wohl nicht alle Akademie-Mitglieder haben diese Deklaration guten Gewissens unterschrieben. Unterzeichnet haben sie letztlich alle – mit einer Ausnahme. Der überzeugte Pazifist Einstein verweigerte seine Unterschrift. Seither gilt Einstein in Berlin als Persona non grata. Die akademischen Kollegen schneiden ihn, im gesellschaftlichen Leben der Reichshauptstadt bleibt er isoliert. Die Lage ist nun ganz anders als noch bei seinem Amtsantritt: Damals war der deutsch-italienisch-schweizerische Wissenschafter jüdischer Abstammung als große Neuerwerbung stolz herumgereicht worden …

Einsteins privates Problem in jenen Tagen heißt Mileva. Seit er sich im Frühjahr 1914 von seiner Ehefrau getrennt hat – aber noch nicht geschieden ist –, tobt ein Rosenkrieg. Wie immer geht es dabei um die gemeinsamen Kinder – die beiden Söhne Hans Albert und Eduard –, um Besuchsrechte und um Geld. Sieht man allein die dicken Bündel von Briefen, die in jenen Jahren zwischen Berlin und Zürich hin und her gingen, kann man sich tatsächlich fragen: Wann fand Einstein neben dem Schreiben dieser Briefe noch Zeit für wissenschaftliche Arbeit? Und doch publiziert Albert Einstein 1915 sein Opus Magnum, jenes umfassende Welt-Erklärungsmodell, das ihn von einem anerkannten, von einem wichtigen Wissenschafter zu jenem Superstar machen sollte, der er heute ist: Die „Allgemeine Relativitätstheorie", kurz ART.

Warum gerade die Allgemeine Relativitätstheorie? Warum ist es gerade diese Theorie, die ihrem Urheber diesen einmaligen Status verleiht? – Dafür gibt es wohl zwei Gründe: Erstens – die spezielle und einmalige Bedeutung der Allgemeinen Relativitätstheorie innerhalb der Physik. Und zweitens – die spezielle und einmalige Leistung Einsteins, sie im Alleingang zu finden und zu konstruieren.

Die Allgemeine Relativitätstheorie stellt die wesentlichen Ingredienzien des Universums und ihre Beziehungen zueinander dar: Zeit und Raum, Materie und Energie und als fünfte Grundgröße noch Bewegung. Alles, was das Universum, was unsere physikalische Wirklichkeit ausmacht, ist in diesen Grundparametern zu fassen. Sie konstituieren die Welt gleichsam, und wie sie das tun, steht in der Allgemeinen Relativitätstheorie. Diese ist damit die „Theorie über das Universum als Ganzes".

Der zweite Faktor ist die intellektuelle Sonderleistung ihres Urhebers bei der Konstruktion der Allgemeinen Relativitätstheorie. Einstein wäre auch ohne diese Theorie, nur für seine sonstigen Arbeiten, ein prominenter Platz in der Ruhmeshalle der Physik sicher. Zumindest für die drei wichtigsten, für die Spezielle Relativitätstheorie, für die Photonentheorie und damit die Begründung der Quantentheorie sowie für seinen Beweis der Existenz von Atomen, der Tatsache, dass die Materie aus Atomen besteht, hätte er fraglos den Nobelpreis erhalten. Für jede einzelne von ihnen. Tatsächlich erhielt er ihn für die Photonentheorie, obwohl die Spezielle Relativitätstheorie sicherlich höher zu stellen ist.

Mit den vorher genannten Leistungen setzte Einstein zwar wichtige Meilensteine, aber er blieb damit im Rahmen der zeitgenössischen Physik und ihrer Fragestellungen. Er hatte Probleme gelöst, doch die Probleme waren bekannt gewesen. Andere hatten sie entdeckt und arbeiteten daran.

Bei der Allgemeinen Relativitätstheorie war das anders. Mit ihr betrat Einstein wirklich Neuland. Die Fragen, welche die Allgemeine Relativitätstheorie beantwortete, hatte vor ihm gar niemand gestellt. Mit der Allgemeinen Relativitätstheorie, dieser Universaltheorie über den Kosmos insgesamt, ließ Einstein alles bisher Dagewesene hinter sich. Die Theorie stellt ein hochgradig komplexes Gebilde dar. Einstein nutzte dafür avancierte mathematische Techniken; er *musste* sie benutzen, um die Theorie korrekt zu entwickeln. Dabei tat er sich nicht immer leicht. Bekannt ist etwa ein Brief an den Schweizer Mathematiker Marcel Grossmann, seinen Studienkollegen in Zürich: „Grossmann, Du musst mir helfen, sonst werd ich verrückt", schrieb Einstein 1913 verzweifelt an den einstigen Kommilitonen. Dieser riet Einstein tatsächlich von der weiteren Beschäftigung mit jenen Dingen ab, doch Einstein kümmerte sich nicht um den freundschaftlichen Rat und gesundheitliche Risiken. Tatsächlich sind die sogenannten Einsteinschen Feldgleichungen ziemlich kompliziert. Sie enthalten 10 unabhängige Komponenten, und aufgrund ihrer Komplexität ist es oft nicht möglich, exakte Lösungen dieser Gleichungen zu finden.

Witzigerweise beruht aber das gesamte komplexe Gebilde der Allgemeinen Relativitätstheorie indes auf einer einfachen Grundidee, die man auch ohne Marcel Grossmann und seine Tipps, ja ohne jegliches Mathematik- oder Physikstudium sofort nachvollziehen kann.

„Erwachen zwei Physiker aus komatösem Schlafe" – mit diesem Satz begann Einstein gern Vorträge, in denen er die Allgemeine Relativitätstheorie vorstellte. Die beiden Physiker erwachen indes nicht nur aus komatösem Schlafe, sie finden sich auch noch in einer fensterlosen, schallgedämmten Kabine eingeschlossen. Zur Außenwelt haben sie keinerlei Kontakt, sie sind von jeder Kommunikation nach außen abgeschnitten.

Die beiden gerade erwachten Physiker stellen noch eine erstaunliche Tatsache fest: Sie sind schwerelos. Sie schweben frei im Raum, ebenso alles, was sich sonst in der Kabine befindet. Ein „Unten" oder „Oben", einen Boden oder eine Decke, die als solche auszumachen wären, gibt es nicht.

Nach der obligaten Schrecksekunde stellen sich die beiden Physiker jene Frage, die in ihrer Situation zur Frage aller Fragen wird: Wo sind wir? Nun ja, in der Kabine. Aber wo ist die Kabine?

Sie kommen nach kurzer Debatte auf zwei grundsätzliche Möglichkeiten:

Erstens: Es könnte sein, dass sie irgendwo draußen im Weltall im freien Raum schweben. Fern jedes Himmelskörpers, fern jedes Planeten, der eine Schwerkraft ausüben könnte, driften sie antriebslos, schwerelos durchs All.

Die zweite Möglichkeit: Sie befinden sich irgendwo hoch über einem Planeten und stürzen im freien Fall auf diesen zu. Ihre Schwerelosigkeit wäre dann nur eine scheinbare. Sie beruht darauf, dass die Kabine mit ihnen und sie mit der Kabine gleichermaßen hinabfallen. Dadurch entsteht innerhalb der Kabine eine relative Schwerelosigkeit der darin befindlichen Objekte zueinander. Nach außen, in Relation zum Himmelskörper, auf den sie zufallen, kann von Schwerelosigkeit keine Rede sein. Der schmerzhafte Aufprall ist demnach nur eine Frage der Zeit.

Und nun fragen sich die beiden: Können sie innerhalb ihrer Kabine, die, wie gesagt, fensterlos, schalldicht und von jeder Außenkommunikation abgeschirmt ist, können sie innerhalb dieses Raumes feststellen, ob die eine oder die andere Variante zutrifft? Trudeln sie irgendwo durch den leeren Raum? Oder, etwas beunruhigender, stürzen sie im freien Fall auf einen Planeten hinab?

Die Antwort lautet: Nein, sie können das nicht entscheiden. Es gibt innerhalb ihrer Kabine kein Experiment, keine Messung, keine Beobachtung, die es zuließe, das festzustellen.

Doch das war erst der erste Teil des Gedankenexperiments, das Einstein auf die Allgemeine Relativitätstheorie brachte. Der zweite Teil beginnt mit der exakt umgekehrten Situation. Wiederum erwachen zwei Physiker aus komatösem Schlafe in ihrem Kabäuschen. Diesmal sind sie aber nicht schwerelos. Es existiert eine Schwerkraft, *die sie anzieht*, die in der Kabine auch ein „Unten", einen Boden definiert, auf dem die beiden stehen, sitzen oder liegen, je nach Laune. Das Weitere verläuft aber dann analog.

Wiederum bestehen zwei Möglichkeiten. Die erste, trivial: Die Kabine steht auf dem Erdboden, und damit hat sich's. Die Schwerkraft, die die beiden Insassen spüren, ist die Anziehungskraft der Erde, auf der sie sicher stehen. Beruhigend.

Zweite Möglichkeit: Die Kabine befindet sich irgendwo im freien Raum, im Weltall. Aber außen an ihr ist eine Raketendüse in Betrieb, die das Gefährt mit allem, was es enthält, permanent beschleunigt.

Wir alle kennen das Phänomen vom Autofahren: Steigt man plötzlich aufs Gas und der Wagen beschleunigt, dann drückt es die Insassen ein wenig in die Sitze. Das gleiche Phänomen kann man in einem Lift bemerken, der auf Knopfdruck plötzlich hochfährt: Dem Liftpassagier knicken kurz die Knie ein.

Durch die Beschleunigung entsteht eine künstliche, eine Schein-Schwerkraft. Gegenstände, auch menschliche Körper, stemmen sich gleichsam gegen die Beschleunigung. Physiker nennen das Phänomen seit den Zeiten Isaac Newtons treffend die *Trägheit* der Masse.

Für die beiden Physiker in ihrer hermetisch abgeschlossenen Kabine stellt sich also die Frage: Ist das Gewicht, das sie verspüren, schlicht und einfach der Schwerkraft der Erde zu verdanken, auf der ihre Kabine steht? Oder handelt es sich um eine Schein-Gravitation, ausgelöst durch Beschleunigung, wie im losfahrenden Auto oder anfahrenden Lift? Und wieder stellen sie fest: Sie wissen es nicht und sie können es nicht wissen. In ihrer Kabine existiert keine physikalische Methode, um festzustellen, was zutrifft. Die beiden Möglichkeiten – Beschleunigung oder Schwerkraft – sind physikalisch äquivalent.

Das ist das *Äquivalenzprinzip.* Und tatsächlich basiert die gesamte, große Allgemeine Relativitätstheorie, die das ganze Universum und alle seine Bestandteile umfasst, auf dieser simplen Überlegung:

Beschleunigung und Gravitation sind physikalisch äquivalente Phänomene.

Damit es aber nicht gar zu einfach wird, ist noch eine kleine Ergänzung, eine Präzisierung nötig.

Noch einmal zurück also zu den beiden Physikern, eben aus komatösem Schlafe erwacht, in ihrem Behältnis. Und beschränken wir uns auf den zweiten Fall: Die beiden verspüren eine Schwere, eine Anziehungskraft nach unten. Sie fragen sich, ob sie auf der Erdoberfläche stehen, samt Schwerkraft, oder ob ihr Gewicht von einer Beschleunigung herrührt.

Tatsächlich hätten die beiden doch eine Möglichkeit, das festzustellen. Dabei kommt ihnen die Ausdehnung des Raumes zu Hilfe. Die scheinbare Schwerkraft durch Beschleunigung wirkt immer genau gegen die Richtung der Beschleunigung – und damit an jeder Stelle in der Kabine exakt in die gleiche Richtung. Die „echte" Schwerkraft der Erde richtet sich hingegen an ihrem Schwerpunkt aus, dem Erdmittelpunkt.

Die beiden Physiker könnten Folgendes tun: Sie nehmen zwei Lote, wie sie von Baumeistern oder Maurern verwendet werden, um zu messen, ob eine Mauer wirklich exakt senkrecht (lotrecht) steht: einen Faden mit einem Gewicht daran. Die beiden Lote hängen sie möglichst weit voneinander entfernt an die Decke ihrer Kabine.

Im Fall der scheinbaren Schwerkraft durch Beschleunigung werden die beiden Lote, die Fäden nun exakt parallel sein. Steht die Kabine hingegen auf der Erde, dann zeigen die beiden Schnüre jede für sich in Richtung des Erdmittelpunkts. Und das ist nicht exakt parallel. Es gibt eine Abweichung.

Hat ihre Kabine selbst eine erhebliche Größe – erheblich im Vergleich zur Größe der Erde –, könnte man die Abweichung sogar mit freiem Auge sehen. Wird die Kabine kleiner, braucht man Instrumente, um die Abweichung zu messen. Und je kleiner die Kabine, desto genauer müssen diese Instrumente arbeiten, weil auch die Abweichung geringer wird.

Gänzlich verschwindet sie aber offenbar erst, wenn die Kabine und mit ihr die Physiker darin – theoretisch – unendlich klein werden. Wenn die ganze Kabine samt Inhalt zu einem Punkt der Ausdehnung null schrumpft.

Das ist die Präzisierung. Das Äquivalenzprinzip, Beschleunigung und Gravitation sind äquivalent, gilt immer nur in einem einzelnen Punkt des Raumes. Es gilt natürlich in *jedem* einzelnen Punkt. Nur wenn man von einem Punkt zum anderen wechselt, ändern sich die Dinge. Für die Allgemeine Relativitätstheorie ist das jedoch keine Einschränkung. Sie und die gesamte Physik beschränken sich ohnehin darauf, was an einem Punkt gilt. Wenn es nur an jedem Punkt gilt.

So simpel und leicht verständlich das Äquivalenzprinzip klingt, so schwerwiegend sind seine Folgen. Was ist die Schwerkraft nun, ihrem Wesen nach? Nach Einstein ist die Schwerkraft eine Eigenschaft des Raumes und der Zeit, genauer gesagt einer Veränderung von Raum und Zeit durch Objekte mit Masse. Man sagt auch oft nur kurz, die Raum-Zeit wird durch Massen gekrümmt. Der Grund, warum dieses Buch hinunterfällt, wenn Sie es loslassen, ist nicht, weil es von der Schwerkraft der Erde angezogen wird. Nein, die richtige Erklärung nach der Allgemeinen Relativitätstheorie ist vielmehr, dass es zu Boden fällt, weil die Erde die Raum-Zeit so krümmt, dass das Buch nach unten beschleunigt wird. Und es gibt auch Beobachtungen, dass nur die letztere Erklärung die richtige ist.

Die Raum-Zeit ist ein vierdimensionales Gebilde, bestehend aus den Raumdimensionen Länge, Breite und Höhe sowie der Zeitdimension. Man kann ruhig erstaunt sein, dass der Raum und die Zeit zusammengehören, denn die Zeit erscheint uns doch ganz anders als der Raum. Dass Raum und Zeit ein gemeinsames Gebilde sind, ist aber nicht nur ein mathematischer Trick von Einstein. Es gibt mehrere Experimente und Beobachtungen, die sich nur erklären lassen, wenn man annimmt, dass Raum und Zeit tatsächlich eine Einheit bilden.

Einstein hatte also die Allgemeine Relativitätstheorie und auch die daraus folgende Raum-Zeit-Krümmung entdeckt. Doch das war zunächst nur einmal eine Theorie. Man musste auch noch eine experimentelle Bestätigung dafür finden. Eine Methode, um eine Krümmung der Raum-Zeit festzustellen, sind Lichtstrahlen. Wenn keine Massen vorhanden sind, bewegt sich das Licht einfach gerade aus. Durch Massen wird aber die Raum-Zeit gekrümmt und Lichtstrahlen werden abgelenkt. Diese Ablenkung ist nur nachweisbar, wenn das Objekt genügend Masse hat. Das Objekt mit der weitaus größten Masse in unserer Umgebung ist unsere Sonne. Aber wie sollte man dort die Ablenkung eines anderen Lichtstrahls beobachten, wenn die Sonne selbst so hell scheint?

Die Antwort war eine Sonnenfinsternis, bei der das Licht der Sonne durch den dazwischen liegenden Mond auf das 1/10.000- bis 1/100.000-Fache abgedunkelt wird. Dadurch könnte man nachweisen, dass das Licht von hinter der Sonne befindlichen

Sternen abgelenkt wird. Im Jahr 1919 reiste der englische Astronom Sir Arthur S. Eddington (1882–1944) deswegen extra auf die Insel Principe nahe der westafrikanischen Küste, um dort eine Sonnenfinsternis zu beobachten. Am 29. Mai dieses Jahres war es dann so weit. Tatsächlich konnte er die von der Allgemeinen Relativitätstheorie vorausgesagte Ablenkung des Lichts beobachten. Vier Jahre nach der Publikation der Allgemeinen Relativitätstheorie wurde eine der größten Errungenschaften der Menschheit glänzend bestätigt.

Hubble –
die Vermessung des Universums

Es fasziniert die Menschen wie kaum etwas anderes: das dunkle Weltall und seine hellen Sterne. Die „Pünktchen im Unendlichen" haben über Jahrhunderte nichts von ihrer Attraktivität für Wissenschafter und Naturbeobachter eingebüßt. Einige der größten Geister von Newton bis Einstein versuchten mit Erfolg die Geheimnisse des Universums zu entschlüsseln – denken Sie nur an das Gravitationsgesetz oder die Relativitätstheorie.

Bevor wir mit der Vermessung des Universums beginnen, müssen wir wissen, wie es aufgebaut ist. Sterne sind im Universum nicht gleichmäßig verteilt, sondern bilden Galaxien, die durch die Gravitation der gesamten Materie zusammengehalten werden. Die Milchstraße, unsere Heimatgalaxie, in der sich unser Sonnensystem befindet, umfasst mindestens hundert Milliarden Sterne. Galaxien bilden wieder Galaxienhaufen, in denen sich bis zu mehrere Tausend Galaxien zusammenfinden können.

Galileo Galilei zerstörte das Bild, dass die Erde das Zentrum des Universums ist und sich nicht bewegt. Edwin Powell Hubbles Beobachtungen zerstörten das Bild von einem Universum, dessen Galaxien und Galaxienhaufen ihre relativen Positionen im Weltraum immer beibehalten und sich nicht bewegen.

Edwin Hubble, 1889 im US-Bundesstaat Missouri geboren, studierte an der Chicagoer Universität Astronomie, Physik und Mathematik. Anfangs deutete nichts darauf hin, dass aus ihm einmal ein berühmter Astronom werden sollte. Der Student verdiente sich als Preisboxer etwas dazu. 1910 erhielt er ein Stipendium der Universität Oxford. Hubble schrieb sich im Fach Mathematik ein, verlor jedoch das Interesse daran. Er wechselte die Studienrichtung und wandte sich den Rechtswissenschaften zu. Die Leidenschaft für Boxkämpfe blieb ihm erhalten. 1913 kehrte Hubble in die USA zurück und wurde Anwalt. Rasch erlahmte seine Lust am Job und er setzte am Yerkes-Observatory sein Astronomiestudium fort. 1917 promovierte er mit Erfolg, doch statt eine feste Stellung anzunehmen, meldete er sich freiwillig zum Kriegsdienst in der US-Army. 1919 trat er in den Mitarbeiterstab der Carnegie Institution und des Mount-Wilson-Observatory in Pasadena, Kalifornien, ein. Ein Glücksfall für einen jungen Wissenschafter, der begierig war, Entdeckungen zu machen: Zwei Jahre zuvor war an diesem Observatorium das weltweit größte Fernrohr aufgestellt worden, das bis dahin schärfste Auge ins All.

Was Galilei und Hubble verbindet, ist abgesehen vom Elan, mit dem sie sich ihren Studien gewidmet haben, die Nutzung der jeweils fortschrittlichsten Technik ihrer Zeit zur genauen Naturbeobachtung. Das erste Problem, vor dem Hubble bei seiner Vermessung des Universums stand, war die genaue Entfernungsbestimmung. Was sehen wir von weit entfernten Himmelskörpern? Licht, und noch dazu ein relativ schwaches. Klarerweise ist das Licht, das wir sehen, umso schwächer, je weiter ein Stern entfernt ist.

Nun kann man genau das – die Tatsache, dass Licht immer schwächer wird, je weiter die Quelle entfernt ist – zur Entfernungsbestimmung nutzen. Nehmen wir einfach eine 100-Watt-Birne. Man beobachtet die Glühlampe nächtens in einiger Entfernung und will wissen, wie weit sie weg ist. Das ist nicht schwer. Von einer 100-Watt-Birne weiß man, wie hell sie tatsächlich brennt. Notfalls kann man es jederzeit mit einem Messgerät feststellen. Jetzt misst man vergleichsweise das von der entfernten Glühlampe eintreffende Licht. Das wird weniger sein, und je weiter die Birne weg ist, umso geringer. Die Lichtstärke nimmt mit der Entfernung ab, genau genommen mit dem Quadrat der Entfernung. Aber diese exakten Verhältnisse sind gar nicht wichtig.

Entscheidend ist vielmehr: Vergleicht man die reale Helligkeit der 100-Watt-Birne mit der Menge des Lichts, die eintrifft, dann kann man aus dieser Relation sofort ihre Entfernung errechnen. Nun könnte man meinen, diese Erkenntnis wäre für die Astronomie wertlos. Woher soll man wissen, wie hell ein entfernter Stern tatsächlich strahlt? Man hat ja immer nur das eintreffende Licht. Was man benötigt, ist die absolute Lichtstärke des Sterns, um den Vergleich mit der relativen Lichtstärke durchführen zu können und so die Entfernung zu errechnen.

Galaxien sind Ansammlungen aus bis zu Hunderten Milliarden Sternen im Weltraum. Die Sonne und unsere Erde sind in unserer Heimatgalaxie, der Milchstraße beheimatet. Um zu erfahren, wie weit eine andere Galaxie von uns entfernt ist, können wir Sterne in anderen Galaxien beobachten.

Man braucht also Sterne, deren reale Helligkeit man sicher kennt, die überall im Universum, auch in entfernten Galaxien, eine definierte Leuchtkraft haben. Solche Sterne gibt es. Stichwort: Cepheiden. Darunter versteht man Sterne, die pulsieren, die nicht gleichmäßig strahlen, sondern rhythmisch heller und dunkler werden. Sie sind quasi riesige Blinklichter im Weltall. Allerdings blinken sie nicht alle gleich schnell. Manche blinken langsamer, andere schneller. Und nun der Clou: Aus Beobachtungen in unserer Heimatgalaxie, der Milchstraße, weiß man, dass es eine direkte Beziehung zwischen der Pulsfrequenz des Cepheiden und seiner absoluten Helligkeit gibt. Man kann aus der Blinkgeschwindigkeit auf die tatsächliche Lichtabstrahlung zurückschließen.

Noch einmal zu unserer Glühlampe: Es wäre folglich so, als würde diese blinken, und aus der Blinkgeschwindigkeit kann man erkennen, ob es sich um eine 25-, eine 100- oder vielleicht gar um eine 1000-Watt-Birne handelt.

Der Rest ist reine Mathematik. Findet man in einer weit entfernten Galaxie einen Cepheiden, kann man aus der Pulsfrequenz schließen, wie hell diese Leuchtboje strahlt. Aus dem Vergleich mit der Helligkeit, die wir hier, auf der Erde, noch sehen, ergibt sich seine Entfernung. Und damit auch die der ganzen Galaxie, in der er sich befindet.

Damit ist aber nur ein Teil der Vermessung des Universums erledigt. Wir kennen nun die Entfernungen. Was wir noch brauchen, ist die Geschwindigkeit der Himmelskörper. Und als sich Edwin Hubble in den späten Zwanzigerjahren des 20. Jahrhunderts damit zu beschäftigen begann, machte er eine sensationelle Entdeckung, die heute unter seinem Namen firmiert: Das Universum expandiert.

Wie aber misst man die Geschwindigkeit und Bewegungsrichtung weit entfernter Galaxien? Nun, auch dafür entwickelten Astronomen und Physiker eine Methode. Das Stichwort dazu lautet: *Rotverschiebung*. Die Methode besteht darin, das eintreffende Licht spektral zu zerlegen.

Die sogenannte Rotverschiebung ist auf den „Doppler-Effekt" zurückzuführen, den wir schon im Kapitel „Wrraaaoooom..." kennengelernt haben. Allerdings begegnet er uns dort weniger beim Licht, sondern bei einem anderen Wellenphänomen, dem Schall. Dieser Effekt tritt in exakt gleicher Weise auch bei Lichtwellen auf. Nur entspricht der Änderung in der Tonhöhe nun eine Änderung der Farbe. Dem höheren Ton, also der Annäherung, ist eine Farbverschiebung in Richtung Blau analog. Umgekehrt entspricht dem tieferen Ton, der Wegbewegung, eine Verschiebung in Richtung Rot: die zitierte Rotverschiebung. Eine Farbverschiebung zum Roten hin bedeutet daher, dass der betreffende Stern von der Erde weg fliegt. Und aus der Größe der Verschiebung lässt sich auch seine Geschwindigkeit berechnen.

Zurück zu Edwin Hubble. Der Astronom machte die Entdeckung, dass das Licht *aller* Galaxien ins Rote verschoben ist, und zwar auf folgende Weise: je weiter entfernt, desto röter. Mit anderen Worten: Die Rotverschiebung der Galaxien nimmt proportional zu ihrem Abstand zu. Das aber bedeutet: Die Galaxien entfernen sich von uns, und zwar umso schneller, je weiter sie schon weg sind. Der einzig daraus mögliche Schluss: Das Universum dehnt sich aus. Es expandiert.

Zusatz: Es gibt zwischen Entfernung und Fluchtgeschwindigkeit sogar eine direkte lineare Beziehung, die Hubble in dem nach ihm benannten Hubble-Gesetz ausdrückte:

> Geschwindigkeit ist gleich Hubble-Konstante mal Entfernung.

Die Hubble-Konstante hat noch einen weiteren hochinteressanten Nebenaspekt: Wenn das Universum „auseinander fliegt", dann hat es irgendwann in der Vergangenheit an einem Punkt seinen Ausgang genommen. Wenn wir die Hubble-Konstante kennen, wissen wir auch, wie schnell die Galaxien auseinander fliegen und das Universum sich ausdehnt. Daraus können wir auch ausrechnen, wie alt das Universum ist.

Die von Hubble entdeckte Ausdehnung des Universums vollzieht sich nur zwischen den Galaxienhaufen, jedoch nicht für die Galaxien innerhalb der Galaxienhaufen. Hier gelten nach wie vor die Gesetzmäßigkeiten der Gravitation. So dominiert in einem Galaxienhaufen die Anziehung aufgrund der Schwerkraft zwischen den Galaxien. Die Galaxienhaufen entfernen sich jedoch im Universum voneinander, weil die Schwerkraft zwischen ihnen nicht groß genug ist, um sie zusammenzuhalten. Eine Konsequenz aus Hubbles Arbeiten ist, dass man plötzlich kein gleichförmiges Universum mehr vor sich hat, sondern ein in alle Richtungen expandierendes. Am Anfang war dann ein Zustand, in dem das Universum winzig gewesen sein muss. Irgendwann gab es einen Ursprung: den Urknall.

Hubble war ein eigenwilliger Mensch, auf seine Umgebung wirkte er oft wie ein Sonderling voller Schrullen. Es passt ins Bild, dass der Astronom am Mt.-Wilson-Observatorium einen Laien zum engsten Mitarbeiter erwählte. Milton Humason war vorher Maultiertreiber und später Pförtner am Institut gewesen, bevor Hubble ihn zu seinem Assistenten machte. Gemeinsam bestimmten sie die Hubble-Konstante, die unser Bild vom Universum vollständig veränderte.

Edwin Hubble blieb zeitlebens der Beobachtung fremder Galaxien treu. Nach dem japanischen Angriff auf Pearl Harbour 1941 meldete er sich abermals zum Kriegsdienst. Der damals 52-Jährige wurde in der militärischen Forschung eingesetzt. Nach dem Ende des Zweiten Weltkrieges 1945 kam er wieder ans Mt.-Wilson-Observatorium. Hubble starb am 28. September 1953 im Alter von 63 Jahren an den Folgen eines Hirnschlags.

Hubble war der erste, der indirekt durch seine Beobachtungen der Idee des Urknalls zum Durchbruch verhalf. Denn wenn sich die Galaxienhaufen voneinander wegbewegen, müssen sie gestern näher beisammen gewesen sein als heute, vorgestern noch näher, vor einer Million und einer Milliarde Jahren noch wesentlich näher, bis sie schließlich vor rund 14 Milliarden Jahren ganz beisammen waren. Dieser Zustand höchster Dichte und Temperatur stellt den Beginn unseres Universums dar, der Urknall genannt wird. Interessanterweise hielt sich Hubble von solchen Spekulationen wie dem Urknall fern. Er war allein mit seiner Vermessung des Universums zufrieden.

Heute sind wir ziemlich sicher, dass es den Urknall gegeben hat, weil es noch andere unabhängige Hinweise auf den Urknall gibt. Eine davon, die Hintergrundstrahlung, werden wir im nächsten Kapitel kennenlernen.

Gamow-Penzias-Wilson –
das Echo des Urknalls

Wir schreiben das Jahr 380.000. Nein, nicht vor oder nach Christus, auch nicht vor oder nach Mohammed oder Buddha, sondern 380.000 nach dem Urknall. Das ist jetzt 13,7 Milliarden Jahre her. 380.000 Jahre also, nachdem das Universum im Urknall aus einem fast unendlich kleinen Punkt von beinahe unendlich großer Dichte und Temperatur explodiert war. Zu diesem Zeitpunkt geschieht etwas überaus Bemerkenswertes: Das Universum wird plötzlich durchsichtig. – Das ist doch schon ewig lange her, werden Sie jetzt unwillkürlich einwenden, das kann so spannend doch nicht sein! Es ist spannend, Sie werden sehen.

Um diese Innovation zu verstehen, muss man ein wenig über die Geschichte davor wissen und ein wenig über die Materie. 380.000 Jahre lang hatte sich das Universum im Zuge seiner fortlaufenden Expansion auch kontinuierlich abgekühlt. Von Trilliarden von Grad zu Milliarden, von Milliarden zu Millionen. Nun, nach 380.000 Jahren, beträgt seine Temperatur „nur" noch 3000 Grad.

Das ist ein für die Materie und ihren Zustand wichtiger Scheidepunkt. Materie, wie *wir* sie kennen, besteht bekanntlich aus Atomen. Das Atom wiederum hat einen Atomkern und eine Hülle aus Elektronen. Bei über 3000 Grad wird die eigene Bewegungsenergie der Elektronen aber so hoch, dass die Kerne sie nicht festzuhalten vermögen. Die Elektronen verlassen den Verband ihres Atoms. Sie trennen sich vom Kern, der nun quasi nackt dasteht. Die Elektronen hingegen schwirren frei durch den Raum. Das passiert auch heute noch – etwa im Inneren von Sternen. Physiker nennen diesen Zustand der Materie „Plasma".

Wo waren wir stehen geblieben? Richtig, beim Urknall. Für 380.000 Jahre war nach diesem großen Knall die Temperatur des Universums über 3000 Grad gelegen. Die gesamte Materie im Universum befand sich also im Zustand eines Plasmas. Elektronen, Protonen, Photonen und noch ein paar andere Atomkerne schwirrten umher, lenkten einander ab, kollidierten, absorbierten einander, vereinigten sich, zerfielen wieder und manches mehr. Eine wahre „Ursuppe", ein wildes Gebrodel ohne jede Ordnung.

Und das galt auch für das Licht. Die Lichtteilchen, die *Photonen* waren in dieses Gebräu voll und ganz eingebunden. Photonen haben vor allem zu Elektronen eine hohe Affinität. Kommen die beiden einander nahe, beginnen sie eine Art Reigen von Wechselwirkungen: Elektronen absorbieren Lichtteilchen und erhöhen dabei ihre eigene Energie. Später emittieren sie diese wieder, meist in veränderter Form.

Die Photonen wurden also ständig in ihrem Flug behindert und gestoppt. Wäre jemand dagewesen, ein Beobachter, hätte er sich von einem einzigen, den ganzen Kosmos ausfüllenden rot glühenden Nebel umgeben gesehen.

Ziemlich genau 380.000 Jahre nach dem Urknall passiert nun plötzlich Folgendes: Mit dem Absinken der Temperatur im Kosmos unter die 3000-Grad-Marke verfügen die Elektronen nicht mehr über genug Energie, um sich der Anziehungskraft der Atomkerne erwehren zu können. Die Atomkerne sind ja elektrisch positiv und die Elektronen elektrisch negativ geladen. Klar, dass sie sich anziehen. Dadurch werden sie von den Atomkernen eingefangen. Mit der großen Freiheit ist es vorbei. Künftig fristen sie ihr Dasein als Hüllenelektronen in den Atomen.

Doch damit haben plötzlich die Photonen, die Lichtteilchen freie Bahn. Sind die Elektronen weggeräumt, hindert sie nichts mehr an ihrem Flug. Das Licht bewegt sich nun geradlinig durch den beinahe leeren Raum. Der Effekt: Das Universum klart auf. Es wird durchsichtig.

Diese Photonen sehen wir heute noch. Die Photonen, die in dem Moment existierten, als das Universum plötzlich durchsichtig wurde, schwirren noch heute durch den Kosmos, also 13,7 Milliarden Jahre später. Solange Photonen nicht irgendwo auftreffen, sind sie praktisch unsterblich. Ihr Licht bildet eine Hintergrundstrahlung, die überall im Universum gleichförmig besteht. Die Hintergrundstrahlung ist das „Echo des Urknalls".

Nun ging die Expansion des Universums seit jenem markanten Zeitpunkt weiter. Man darf sich das nicht wie eine Explosion vorstellen, obwohl davon immer wieder die Rede ist. Hier findet kein Auseinanderfliegen gleich einer irdischen Detonation statt. Vielmehr: Der Raum selbst expandiert. Er dehnt sich aus.

Die Aufblähung betrifft auch die Lichtwellen. Sie werden mit der Expansion des Raumes mitgedehnt, sie werden immer länger und länger.

Physiker sagen: Ihre Temperatur sinkt. Die „Temperatur" des Lichts? Was soll denn das nun wieder heißen? Dies erklärt sich so: Abhängig von seiner Temperatur, sendet ein Körper eine ganz bestimmte Strahlung aus: Je heißer, desto energiereicher – und damit kurzwelliger. Kurze Wellenlänge, das bedeutet beim Licht hohe Energie. Umgekehrt gilt: Ein kühlerer Körper wird Licht größerer Wellenlänge abstrahlen. Zwischen den beiden Parametern besteht eine eindeutige Beziehung.

Somit kann man die Temperatur des Körpers als Maßzahl für den Energiegehalt angeben und damit für die Wellenlänge der Strahlung. Eine Strahlungstemperatur von beispielsweise 5500 Grad meint also: Bei 5500 Grad würde ein Körper exakt diese Strahlung abgeben.

Seither, wie gesagt, ist das Universum 13,7 Milliarden Jahre lang weiter expandiert. Und mit der Expansion des Raums wurde auch die Wellenlänge der Hintergrundstrahlung immer weiter gedehnt. Sprich: Ihre Temperatur hat sich vermindert. Heute sind es noch knapp 3, genau 2,7 Grad über dem absoluten Nullpunkt. In Celsius wären das minus 273,15 Grad.

George Gamow (1904–1968) hieß der erste Physiker, der 1949 das Wort „Hintergrundstrahlung" in den Mund nahm. Die Vorgeschichte: In den späten Zwanzigerjahren hatte der amerikanische Astronom Edwin Hubble die Rotverschiebung der Galaxien entdeckt, also den Umstand, dass sich alle Galaxien von uns entfernen, und zwar je schneller, je weiter sie schon weg sind. Diese Tatsache legte den Gedanken an ein expandierendes Universum nahe. Schließlich waren sie vor 13,7 Milliarden Jahren in einem Zustand höchster Dichte zusammen. Das geht so weit, dass etwa die Masse der Sonne – oder auch die einer ganzen Galaxie oder sogar die des ganzen Universums – in weniger als einem Stecknadelkopf Platz finden könnte. „Materiekollaps" nannte Einstein das vorerst rein rechnerische Phänomen. Was noch früher war, als das Universum so groß wie ein Stecknadelkopf war, wissen wir noch nicht.

Und nun passte alles zusammen, nichts sprach dagegen, dass es tatsächlich so gewesen sein könnte: Das Universum hatte in jenem Stecknadelkopf mit einem großen Knall zu existieren begonnen, in einem „Urknall", in dem Zeit und Raum, Materie und Energie geboren wurden. Seither expandiert es unablässig, bis zum heutigen Tag.

Ab 1930 wurde der Urknall von Physikern und Astronomen als ernstzunehmende Idee und zunehmend als Tatsache angesehen, besonders von den jungen, dynamischeren Kollegen. Einer von ihnen hieß George Gamow. Der aus Russland emigrierte, in den USA lebende Wissenschafter war vielleicht einer der originellsten Köpfe, die jemals theoretische Physik betrieben. Der immer zu Späßen aufgelegte Gamow war nicht nur ein Meister darin, sich Feinde zu machen. Als begeisterter Anhänger der damals neuen Ideen Einsteins schrieb er auch ein witziges populärwissenschaftliches Buch über die Relativitätstheorie: *Mr. Tompkins in Wonderland*, so der Titel, ist bis heute eine der profundesten und zugleich unterhaltsamsten Einführungen in Einsteins Thesen und ihre höchst unplausibel anmutenden Konsequenzen.

Als unbedingter Verfechter der neuen Kosmologie kam Gamow 1949 vorerst rein theoretisch auf die Hintergrundstrahlung. Sie müsse als Echo des Urknalls, als sein markantester „Fingerprint", immer noch durch das Universum rauschen, folgerte er richtig. Gamow konnte sich keine Hoffnung machen, dass sein theoretischer Befund bald einmal verifiziert werden könnte, denn zu utopisch erschien mit der damaligen Technik die Möglichkeit, Strahlung von derart geringer Intensität tatsächlich zu messen. Die Physiker-Kollegen sahen das ähnlich, und so geriet Gamows Idee für fast 20 Jahre ein wenig ins Abseits.

Genau genommen bis 1965. Zwei amerikanische Radioastronomen, Arno Penzias (* 1933) und Robert W. Wilson (* 1936) heimsten schließlich den Nobelpreis für die Hintergrundstrahlung ein, die sie im Jahr 1965 erstmals detektierten. Dabei hatten die beiden eine solche Sonderleistung gar nicht vor. Sie arbeiteten an der Optimierung ihrer mittlerweile hoch entwickelten Radioantenne und wurden dabei ein beharrliches Störgeräusch einfach nicht los.

Um die Herkunft dieses Störpegels zu lokalisieren, richteten sie das Radioteleskop sogar auf das doch ziemlich weit entfernte New York, konnten aber keine Steigerung des Signals feststellen. Zeitweilig richteten sie ihr Augenmerk auf ein Taubenpaar, ob nicht das „weiße dielektrische" Material, das die Tauben als Kot auf der Antenne absonderten, der Grund war. Also transportierten sie die Tauben weg und ließen sie erst in 50 Kilometer Entfernung wieder frei. Aber die Tauben folgten ihrem Nesttrieb und waren flugs wieder da. Penzias fing die Tauben wieder ein, öffnete den Käfig und erschoss widerstrebend die Tauben. Das Rauschen verschwand aber trotzdem nicht. Ein Jahr lang plagten sich die beiden, die Antenne immer wieder zu prüfen, zu säubern und neu zu verkabeln. Es half aber alles nichts: Das Rauschen blieb hartnäckig.

Die beiden waren mehr und mehr frustriert. Dabei hatten sie eine der wichtigsten Entdeckungen über unser Universum gemacht. Sie ahnten überhaupt nicht, dass dieses stets vorhandene Rauschen in Wahrheit ein Überbleibsel des Urknalls war. Schließlich kam ihnen der Zufall zu Hilfe. Penzias nahm an einer Astronomiekonferenz teil und erwähnte das Problem des Rauschens nur nebenbei im Gespräch mit Bernhard Burke vom Massachusetts Institute of Technology. Ein paar Monate später rief ihn Burke ganz aufgeregt an. Er berichtete ihm von einem Artikel der beiden Kosmologen Robert Dicke und James Peebles von der Princeton University, in denen diese die Hintergrundstrahlung voraussagten. Schlagartig reimte sich für Penzias alles zusammen. Es war nicht das ferne New York, der Taubendreck oder eine schlechte Verkabelung, sondern das Echo des Urknalls, das sie entdeckt hatten.

Die Hintergrundstrahlung gilt heute als eine der schlagenden Beweise für die Urknalltheorie. Sie wäre ohne den Urknall kaum erklärbar und sie ist zugleich ein Fingerabdruck jener Zustände, die zur Zeit ihrer Entstehung im Universum herrschten.

Wenn wir der Hintergrundstrahlung demnächst mit neuen Satelliten noch genauer werden lauschen können, wird sie uns sicherlich noch manches Interessante von jenen wilden Anfängen des Kosmos erzählen, aus denen sie stammt. Schließlich wollen wir doch alle gern wissen, woher wir kommen und wohin wir gehen ...

Schwarzschild-Hawking – der seltsamste Himmelskörper

Es gibt Dinge am Himmel die sind so „komisch anders", dass die menschliche Vorstellungskraft kaum ausreicht. Eines der fantastischsten Dinge, die sich Menschen ausgedacht haben und die es höchstwahrscheinlich auch gibt, ist das *Schwarze Loch*. Ein Schwarzes Loch ist ein Teil des Raums, in dem eine so große Masse vereinigt ist, dass nichts daraus entkommen kann. Es besitzt eine so große Anziehung, dass es nicht nur Materie, sondern sogar Licht einfängt und in seinem Griff behält. Daher sehen Schwarze Löcher auch schwarz aus, weil kein Licht aus ihnen herauskommen kann.

Die erste Idee zu diesen seltsamen Gebilden brachte bereits im Jahr 1785 der britische Naturforscher John Michell zu Papier. Er folgte dabei der Gravitationstheorie Isaac Newtons. Aus der Theorie Newtons lässt sich leicht herleiten, dass jeder Körper im Universum eine sogenannte Fluchtgeschwindigkeit besitzt. An einem Beispiel soll das kurz demonstriert werden: Wenn man einen Stein in die Höhe wirft, fällt er nach einer kurzen Flugbahn wieder auf die Erde zurück. Wirft man den Stein heftiger, so fliegt er etwas weiter, das weiß jeder. Man kann auch mit einem Gewehr schießen, und voraussichtlich wird die Kugel weiter fliegen als irgendein Mensch in der Lage wäre, sie durch einen Wurf mit bloßen Händen zu befördern. Aber auch sie wird wieder auf der Erde landen. Das Gleiche gilt auch für die modernsten und besten Kanonen. Dabei ist die Länge der Flugbahn oder die Höhe, die ein Projektil erreicht, wenn man es etwa senkrecht in die Höhe befördert, von der Anfangsgeschwindigkeit abhängig – also von der Stärke des Wurfs oder im Fall einer Kanonenkugel von der Wucht des Schusses.

Wenn diese Anfangsgeschwindigkeit höher und höher wird, werden die Geschosse weiter und weiter fliegen, bevor sie von der Schwerkraft der Erde wieder eingefangen werden. Da diese Schwerkraft aber nun eine endliche Größe ist, kann sie augenscheinlich nicht jede beliebig hohe Anfangsgeschwindigkeit eines Geschosses zunichte machen. Es gibt eine Anfangsgeschwindigkeit, ab der ein Stein, ein Geschoss, eine Rakete das Gravitationsfeld dauerhaft überwindet und eben nicht mehr zur Erde zurückkehrt. Das ist die *Fluchtgeschwindigkeit*.

Jeder Körper im Weltall besitzt eine solche Fluchtgeschwindigkeit, das heißt eine Geschwindigkeit, ab der ein anderer Körper, der sich von ihm entfernt, von der Schwerkraft nicht mehr eingefangen wird. Bei der Erde beträgt sie etwa 40.000 Stundenkilometer. Das ist beträchtlich, aber nichts anderes tun wir, wenn wir Raumschiffe zum Mond oder gar bis zum Mars und noch weiter fliegen lassen.

Die Fluchtgeschwindigkeit ist allein von der Stärke des Schwerefelds abhängig. Dieses wiederum hängt mit der Masse eines Körpers zusammen. Es gilt also: Je schwerer, je mehr Masse, desto höher die Fluchtgeschwindigkeit. Bei der Sonne ist diese nötige Geschwindigkeit schon um einiges höher als bei der kleinen Erde, sie beträgt 2,2 Millionen Stundenkilometer.

Was aber hat das alles mit Schwarzen Löchern zu tun? Sehr einfach. Die Geschwindigkeit des Lichts ist zwar enorm hoch, aber auch sie ist letztlich eine endliche, eine zahlenmäßig benennbare Größe. Das wusste auch Newton, beziehungsweise es geht aus seiner Theorie hervor, auch wenn der große Engländer von den enormen weiteren Komplikationen im Zusammenhang mit der ominösen Lichtgeschwindigkeit noch keine Ahnung hatte. Newton war ja irrigerweise sogar der Ansicht, Licht sei einfach ein Partikelstrahl, ein Strom kleiner, schneller Teilchen. Sehr, sehr kleiner und sehr, sehr schneller Teilchen, muss man ergänzen, aber im Prinzip nicht etwas grundsätzlich anderes als etwa die Sandkörner in einem Sandsturm.

Die Lichtgeschwindigkeit ist also begrenzt, eine endliche Größe. Die Fluchtgeschwindigkeit sagen wir eines Sterns nimmt aber mit dessen Größe immer mehr zu: je schwerer, desto höher. Es lässt sich daher ausrechnen, wie viel Masse ein Stern haben muss, damit seine Fluchtgeschwindigkeit höher wird als die Lichtgeschwindigkeit. Und selbst wenn man die genauen Zahlen nicht kennt, lässt sich zumindest sagen: Ab irgendeiner Größe wird die Fluchtgeschwindigkeit des Sterns so groß, dass selbst die Lichtgeschwindigkeit nicht ausreicht, um ihn dauerhaft zu verlassen und um nicht auf den Stern zurückzufallen. Dies aber bedeutet, dass das Licht selbst eben zurückfällt und den Stern nicht mehr verlassen kann. Der Stern muss demnach dunkel sein. John Michell nannte sie daher „dunkle Sterne".

Wenn wir heute von Schwarzen Löchern sprechen, so ist die Sache etwas komplizierter geworden als bei den dunklen Sternen. Nichtsdestotrotz bleibt die Grundüberlegung dieselbe: Bei einem Schwarzen Loch ist die Gravitation so stark, dass das Licht selbst das Schwarze Loch nicht mehr verlassen kann.

Wie können wir überhaupt ein Schwarzes Loch nachweisen, wenn nichts aus ihm herauskommt? Wir können daher ein Schwarzes Loch nicht direkt nachweisen. Ein Schwarzes Loch verschluckt aber alles in seiner Umgebung, Materie, Gas und manchmal sogar ganze Sterne. Diese Materie wird auf dem Weg zum Schwarzen Loch durch Reibung extrem heiß und sendet Strahlung aus. Diese kann man beobachten und aus ihrer Analyse Rückschlüsse auf die Existenz eines Schwarzen Lochs ziehen.

Im Jahr 1916 veröffentlichte Albert Einstein seine Allgemeine Relativitätstheorie. Diese Theorie, das muss man dazusagen, war noch mehrere Jahre lang etwas ausgesprochen Theoretisches. Es existierte keinerlei konkreter Beweis, keinerlei Messung dessen, was Einsteins Theorie voraussagte: Dass Raum und Zeit nämlich durch Gravitationskräfte gekrümmt würden.

Beweis dafür gab es keinen, und erst im Jahr 1919 wurde anlässlich einer Sonnenfinsternis ein Indiz erbracht, dass Einstein tatsächlich recht hatte. Bereits 1916, im Jahr der Veröffentlichung der Allgemeinen Relativitätstheorie, begann ein deutscher Physiker namens Karl Schwarzschild Einsteins unerhörte Theorie auf ihre Konsequenzen rechnerisch abzuklopfen. Eine dieser Konsequenzen war der dunkle Stern, der heute Schwarzes Loch genannt wird.

Schwarzschild erkannte, dass die Einsteinschen Gleichungen sogenannte *Singularitäten* zulassen. Oder genauer, dass eine mögliche Lösung dieser Gleichung eben die Singularität ist: ein Ort, an dem die Massedichte schlicht unendlich wird. Anders ausgedrückt: ein Punkt, an dem sich irgendeine Menge von Materie auf einen Raum konzentriert, der unendlich klein wird.

Man kann sich das nicht leicht vorstellen. Uns allen ist geläufig, dass Materie immer einen Raum einnehmen muss. Das kann einmal größer und einmal kleiner sein. In Form unserer Luft etwa ist die Materie vergleichsweise dünn, es findet sich im Raum daher relativ wenig Materie. In Form von Wasser ist es deutlich mehr. In Form von Eisen ist es noch mehr, deshalb hat ein Volumen von einem Liter Eisen beinahe 10 Kilogramm, von Wasser hingegen nur ein Kilogramm. Bei Gold, einem Schwermetall, sind es sogar 20 Kilogramm. Oder umgekehrt: Ein Kilogramm Gold passt in einen Zwanzigstelliter, eine Zigarettenschachtel, während Wasser dafür einen ganzen Liter verbraucht. Man kann sich natürlich vorstellen, dass die Materie noch konzentrierter ist, also beispielsweise ein Kilogramm schon in einen Fingerhut passen würde. Aber Materie ohne Raum, Masse, die einfach gar keinen mehr braucht, sondern sich in einem unendlich kleinen Punkt sammelt – das ist irgendwie schwer vorstellbar. Ungeachtet dessen ist genau dieser Zustand eine Lösung der Einsteinschen Gleichungen und somit – vorausgesetzt, die Relativitätstheorie stimmt – ein möglicher Zustand der Materie.

Es geht sogar noch weiter: 1916 hatte niemand eine Ahnung von der Energiequelle der Sterne. Man konnte sich daher nicht erklären, woher die Sterne ihre Energie nehmen, die sie abstrahlen. Aber noch etwas: Sterne üben naturgemäß eine Gravitationskraft auch auf sich selbst aus. Sie haben also die Tendenz, sich zusammenzuziehen. Irgendetwas muss dieser Zusammenziehung entgegenwirken, sonst würden sie selbst fortwährend schrumpfen. Dieser Gegendruck, welcher verhindert, dass sich die Sonne zusammenzieht, ist die nach außen gerichtete Strahlung. Diese entsteht durch die gewaltigen freigesetzten Energien im Zentrum der Sonne bei der Kernfusion von Atomkernen.

Im Jahr 1916 wusste freilich davon niemand, dass auf die Gravitation ein Gegendruck wirkt. Das Rätsel aus Sicht der Relativitätstheorie und Karl Schwarzschilds war also nicht die Frage, ob es Schwarze Löcher gibt, sondern wieso nicht jeder Stern hinreichender Größe – und diese Größe ist so groß nicht, sie liegt bei etwa zweieinhalb Sonnenmassen – sich augenblicklich in ein Schwarzes Loch verwandelt, kollabiert. Genau das sagt nämlich die Relativitätstheorie voraus.

Schwarzschild wurde bald danach im Ersten Weltkrieg an die Front geschickt und kam in Russland ums Leben. Damit verlor die Physik eine ihrer vielleicht begabtesten und kühnsten Nachwuchskräfte.

Um die Schwarzen Löcher wurde es wieder einmal ruhig. Immerhin wussten die Physiker auch damals, dass die Sterne offenbar nicht unter ihrer eigenen Schwerkraft serienweise in Schwarze Löcher kollabieren, wenn auch niemand wusste, warum nicht. Also kümmerte sich wieder einmal niemand darum. Einstein glaubte übrigens selbst nicht so richtig an Schwarze Löcher. Er nahm an, dass seine Formeln in Bezug auf Schwarze Löcher wohl stimmten, in den Rechnungen aber verschiedene unerkannte Parameter fehlten, die noch zu ergänzen wären.

Wie gesagt, blieben die Rätsel um die Schwarzen Löcher also fürs Erste ungeklärt, und da vor weiteren anderen Erkenntnissen an eine Lösung nicht zu denken war, ließen die Leute die Sache zunächst auf sich beruhen. Aber als die Allgemeine Relativitätstheorie allgemein anerkannt wurde, dachte man doch wieder über Schwarze Löcher nach.

Heute ist man ziemlich sicher, dass Schwarze Löcher im Universum tatsächlich existieren. Schwarze Löcher mit einigen Sonnenmassen entstehen zunächst einmal als Überbleibsel beim Tod von Sternen. Es gibt aber auch extrem große Schwarze Löcher mit millionen- bis milliardenfacher Sonnenmasse in den Zentren der Galaxien, die sich wahrscheinlich schon im frühen Universum gebildet haben.

Die Theorie der Schwarzen Löcher geriet noch einmal ins Interesse, als Stephen William Hawking (* 1942) seine Formel für die Temperatur eines Schwarzen Lochs postulierte. Vereinfacht lautet seine Formel:

$$T = \frac{k}{M}$$

oder

Temperatur ist eine Konstante dividiert durch Masse.

Nun, ganz so einfach, wie sie hier aussieht, ist die Formel tatsächlich nicht, und das liegt an der Konstante k. Sie stellt nämlich eine Zusammenfassung mehrerer Größen dar, die uns hier aber weiter nicht interessieren sollten.

Die Formel bedeutet, dass ein Schwarzes Loch eine berechenbare und auch messbare Temperatur besitzt und folglich auch Wärme abstrahlt. Hawkings Temperaturformel und die daraus folgende, nach dem Physiker benannte thermische „Hawking-Strahlung" war eine der großen physikalischen Überraschungen des Jahres 1974. Bis dahin hat man geglaubt, dass nichts aus einem Schwarzen Loch herauskommen kann. Doch nach Hawking kann aus einem Schwarzen Loch doch Strahlung entweichen. Allerdings ist die Temperatur T für ein Schwarzes Loch mit einer

Sonnenmasse extrem klein. Für abnehmende Masse M steigt die Temperatur T des Schwarzen Lochs nach obiger Formel aber an. Damit könnten winzige Schwarze Löcher, die beim Urknall entstanden sein könnten, Hawking-Strahlung abstrahlen. Die Hawking-Strahlung konnte jedoch bis heute noch nicht beobachtet werden.

Danke

Dieses Buch beruht teilweise auf einer gleichnamigen Serie im Rahmen der Sendereihe *Radiokolleg* des ORF-Radios Ö1. Ein großes „Danke" dem Team des *Radiokollegs* und seiner langjährigen Producerin Nora Aschacher.

Ein spezielles „Danke" meinem Kollegen von der Ö1-Wissenschaftsredaktion Robert Weichinger: Einige der im *Radiokolleg* gelaufenen Sendungen gestaltete ich mit ihm gemeinsam, seine Ideen und Anregungen sind bis hin zu Formulierungsdetails in dieses Buch eingeflossen.

„Danke" an meinen Bruder, den Physiker Peter Schaller, der viele meiner Texte auf ihre wissenschaftliche Korrektheit durchgesehen hat. Und an die beiden Physiker Werner Gruber und Heinz Oberhummer sowie den Verlagslektor Arnold Klaffenböck, ohne deren tatkräftige Hilfe dieses Buch kaum zustande gekommen wäre.

„Danke" den folgenden Wissenschaftern der verschiedenen physikalischen, mathematischen und astronomischen Institute, die in oft langen Interviews meine Fragen geduldig beantworteten (wobei ich nur hoffen kann, niemanden vergessen zu haben):

Markus Arndt, Matthias Baaz, Herbert Balasin, Werner Balogh, Christoph Baxa, Albrecht Beutelspacher, Dietrich Burde, Ernst Dorfi, Franz Embacher, Johanna Gaier, Martin Goldstern, Erich Gornik, Eva Grebel, Harald Grosse, Franz Kerschbaum, Rudolf Kippenhahn, Gerhard Kowol, Christian Köberl, Werner Könne, Wolfgang Kummer (†), Wolfgang Lang, Peter Markowich, Winfried Müller, Heinz „Ohu" Oberhummer, Herbert Pietschmann, Harald Posch, Thomas Posch, Harald

Rindler, Rudolf Schmidt, Karl Sigmund, Walter Steiner, Leonhard Summerer, Peter Szmolyan, Rudolf Taschner, Franz Trawez, Helmuth Urbantke, Albert Washüttl, Harald Weber, Hannspeter Winter (†), Günther Wuchterl, Don Zagier, Anton „Quanton" Zeilinger.

»Sicher die gewitzteste Einführung in die Physik.«
Buchkultur

Lewis C. Epstein
Denksport-Physik
Fragen und Antworten
Übersetzt von Hans-Erhard Lessing

ISBN 978-3-423-34682-5

Die meisten Menschen benutzen einen Kühlschrank oder besteigen ein Flugzeug, ohne zu wissen, wie das alles funktioniert. Sie haben keine Ahnung von Physik. Das muss nicht so sein, meint Professor Epstein, und hat mit einem ganz besonderen Physikbuch Abhilfe geschaffen: Alltagsphysik als Denksport-Aufgabe nach dem Multiple-choice-Prinzip. Zahlreiche witzige Illustrationen sorgen dafür, dass beim Frage- und Antwortspiel auch keine Missverständnisse aufkommen.

»Eine faszinierende Lektüre – sogar für gelernte Physiker.«
The New Scientist

»Wer dieses Buch liest, wird die Natur hinterher anders wahrnehmen ... Epstein zeigt, wie man es richtig macht: Kurzweilig, pfiffig und dennoch wissenschaftlich immer auf der Höhe.«
Deutschlandradio Kultur

»Das einzige, was ich bei diesem Buch bedauere, ist, dass ich keinen Physiklehrer wie Epstein hatte.«
Leserstimme bei amazon.com

Bitte besuchen Sie uns im Internet: www.dtv.de

Der Bestseller-Autor hat mit diesem Buch wieder neue Maßstäbe gesetzt

Stephen Hawking
Das Universum in der Nussschale
Taschenbuchausgabe auf der Grundlage der
erweiterten Neuausgabe
Übers. v. H. Kober

ISBN 978-3-423-34089-2

Die Suche nach der Formel, die das Universum erklärt, ist der heilige Gral der Physik. Die brillantesten Köpfe der Kosmologie befassen sich mit dieser Frage. Zu ihnen gehört unzweifelhaft Stephen Hawking.

Der Autor des internationalen Bestsellers ›Eine kurze Geschichte der Zeit‹ hat erneut einen Welterfolg publiziert. In der für ihn typischen witzigen und bilderreichen Sprache und mittels über zweihundert prächtiger Farbillustrationen führt er den Leser in das surreale Wunderland der modernen Raumzeit-Forschung.

»Das Verhalten des ungeheuer großen Universums läßt sich durch seine Geschichte in imaginärer Zeit verstehen, die eine winzige abgeflachte Kugel ist. Insofern hat es große Ähnlichkeit mit Hamlets Nussschale, und in dieser Nuss ist alles verschlüsselt, was in reeller Zeit geschieht. Hamlet hat also vollkommen recht. Wir können in einer Nussschale eingesperrt sein und uns doch für Könige von unermeßlichem Gebiet halten.«
Stephen Hawking

Bitte besuchen Sie uns im Internet: www.dtv.de

Naturwissenschaft im dtv

Sandra Aamodt
Samuel Wang
Welcome to Your Brain
Ein respektloser Führer durch
die Welt des Gehirns
Übers. v. N. Juraschitz
ISBN 978-3-423-34615-3

Gerhard Berz
Wie aus heiterem Himmel?
Naturkatastrophen und
Klimawandel
Was uns erwartet und wie wir
uns darauf einstellen sollten
ISBN 978-3-423-24766-5

Jamie Buchan
Pi mal Daumen
Was Zahlen erzählen
Übers. v. D. Mallett
ISBN 978-3-423-34683-2

Thomas Bührke
E = mc²
Einführung in die Relativitäts-
theorie
ISBN 978-3-423-33041-1

Richard Dawkins
Der blinde Uhrmacher
Warum die Evolution der
Beweis für ein Universum
ohne Design ist
Übers. v. K. de Sousa Ferreira
ISBN 978-3-423-34478-4

Marcus Chown
Warum Gott doch würfelt
Über »schizophrene Atome«
und andere Merkwürdig-
keiten aus der Quantenwelt
Übers. v. K. Neff und
S. Hunzinger
ISBN 978-3-423-24484-8

**Das Universum und das
ewige Leben**
Neue Antworten auf
elementare Fragen
Übers. v. F. Griese
ISBN 978-3-423-24712-2

**Intelligentes Leben im
Universum**
Was wir im Alltag über
Physik lernen können
Übers. v. K. Neff
ISBN 978-3-423-24802-0

Bitte besuchen Sie uns im Internet: www.dtv.de

Naturwissenschaft im <u>dtv</u>

Bitte besuchen Sie uns im Internet: www.dtv.de

Naturwissenschaft im <u>dtv</u>

Josef H. Reichholf
**Das Rätsel der
Menschwerdung**
Die Entstehung des Menschen
im Wechselspiel mit der Natur
ISBN 978-3-423-33006-0

Die Zukunft der Arten
Neue ökologische Überra-
schungen
ISBN 978-3-423-34532-3

Brigitte Röthlein
Schrödingers Katze
Einführung in die Quanten-
physik
Hg. v. O. Benzinger
Illust. v. N. Schnyder
ISBN 978-3-423-33038-1

Der Mond
Durchgehend vierfarbig mit
zahlreichen Abbildungen
ISBN 978-3-423-24678-1

Thomas Schaller
**Die berühmtesten Formeln
der Welt**
... und wie man sie versteht
ISBN 978-3-423-34571-2

Simon Singh
Fermats letzter Satz
Die abenteuerliche Geschichte
eines mathematischen Rätsels
Übers. v. K. Fritz
ISBN 978-3-423-33052-7

Geheime Botschaften
Die Kunst der Verschlüsselung
von der Antike bis in die Zeit
des Internet
Übers. v. K. Fritz
ISBN 978-3-423-33071-8

Big Bang
Der Ursprung des Kosmos
und die Erfindung der moder-
nen Naturwissenschaft
Übers. v. K. Fritz
ISBN 978-3-423-34413-5

Marais du Sautoy
Die Musik der Primzahlen
Auf den Spuren des größten
Rätsels der Mathematik
Übers. v. T. Filk
ISBN 978-3-423-34299-5

**Das Geheimnis der
Symmetrie**
Mathematiker entschlüsseln
das Rätsel der Natur
Übers. v. S. Gebauer
ISBN 978-3-423-34658-0

Bitte besuchen Sie uns im Internet: www.dtv.de

Naturwissenschaft im <u>dtv</u>

Rudolf Tascher
Der Zahlen gigantische Schatten
Die fantastische Welt der
Mathematik
ISBN 978-3-423-34553-8

Frans de Waal
Der Affe in uns
Warum wir sind, wie wir sind
Übers. v. H. Schickert
ISBN 978-3-423-34559-0

Primaten und Philosophen
Wie die Evolution die Moral
hervorbrachte
Übers. v. B. Brandau und
K. Fritz
ISBN 978-3-423-34659-7

Frederic Vester
Denken, Lernen, Vergessen
Was geht in unserem
Kopf vor?
ISBN 978-3-423-33045-9

Michael Willers
Denksport-Mathematik
Rätsel, Aufgaben und
Eselsbrücken
Übers. v. S. Vogel
ISBN 978-3-423-24838-9

Emily Winterburn
Den Himmel lesen lernen
Astronomie für Sterngucker
Übers. v. H.-M. Hahn
ISBN 978-3-423-24765-8

<u>dtv</u>-Atlas Chemie
von H. Breuer
2 Bände
Band 1: ISBN 978-3-423-03217-9
Band 2: ISBN 978-3-423-03218-6

<u>dtv</u>-Atlas Mathematik
von F. Reinhardt und H. Soeder
2 Bände
Band 1: ISBN 978-3-423-03007-6
Band 2: ISBN 978-3-423-03008-3

Bitte besuchen Sie uns im Internet: www.dtv.de

dtv-Atlanten

informativ, zuverlässig, handlich und preisgünstig

dtv-Atlas Akupunktur
von C.-H. Hempen
ISBN 978-3-423-03232-2

dtv-Atlas Astronomie
Mit Sternatlas
von J. Herrmann
ISBN 978-3-423-03267-4

dtv-Atlas Baukunst
von W. Müller und
G. Vogel
2 Bände
Band 1: ISBN 978-3-423-03020-5
Band 2: ISBN 978-3-423-03021-2

dtv-Atlas Bibel
von A. Ohler
ISBN 978-3-423-03326-8

dtv-Atlas Chemie
von H. Breuer
2 Bände
Band 1: ISBN 978-3-423-03217-9
Band 2: ISBN 978-3-423-03218-6

dtv-Atlas Deutsche Literatur
von H. D. Schlosser
ISBN 978-3-423-03219-3

dtv-Atlas Deutsche Sprache
von W. König
ISBN 978-3-423-03025-0

dtv-Atlas Englische Sprache
von W. Viereck, K. Viereck
und H. Ramisch
ISBN 978-3-423-03239-1

dtv-Atlas Erde
Physische Geographie
von D. Heinrich und M. Hergt
ISBN 978-3-423-03329-9

dtv-Atlas Ethnologie
von D. Haller
ISBN 978-3-423-03259-9

dtv-Atlas Keramik und Porzellan
von S. Frotscher
ISBN 978-3-423-03258-2

dtv-Atlas Mathematik
von F. Reinhardt und H. Soeder
2 Bände
Band 1: ISBN 978-3-423-03007-6
Band 2: ISBN 978-3-423-03008-3

dtv-Atlas Musik
von U. Michels
2 Bände
Band 1: ISBN 978-3-423-03022-9
Band 2: ISBN 978-3-423-03023-6
Einbändige Ausgabe
dtv Hardcover
ISBN 978-3-423-08599-1

Bitte besuchen Sie uns im Internet: www.dtv.de

dtv-Atlanten

Bitte besuchen Sie uns im Internet: www.dtv.de

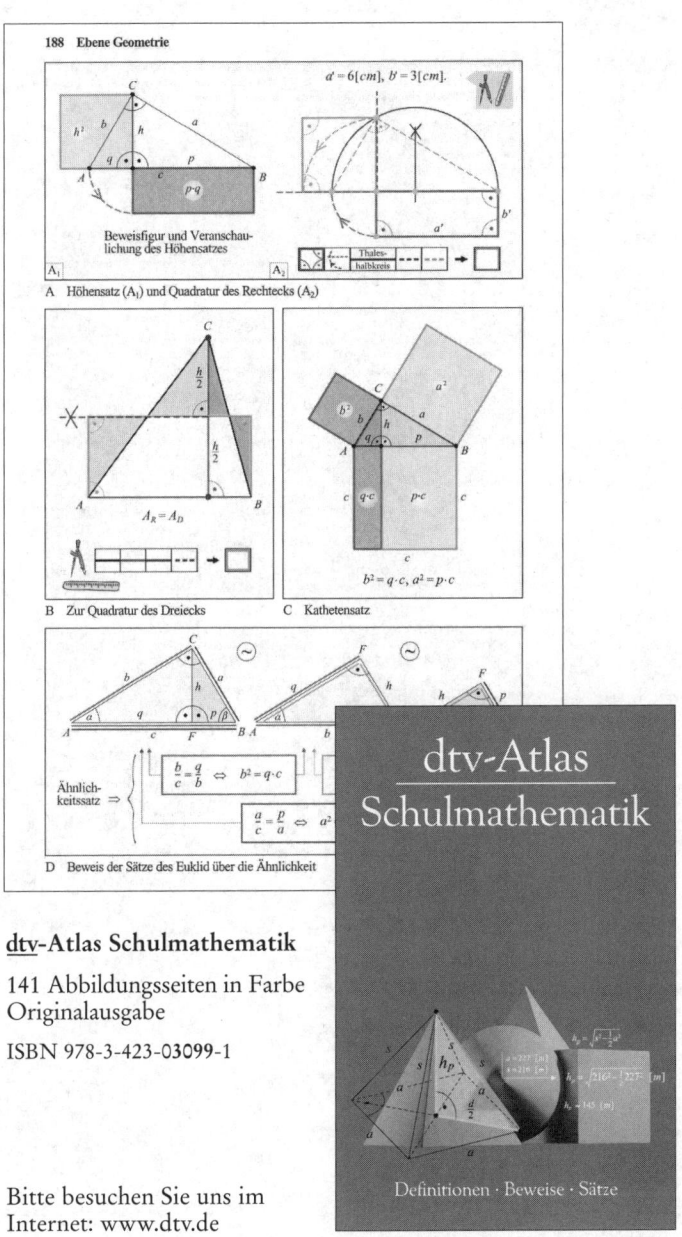

188   Ebene Geometrie

$a' = 6[cm]$, $b' = 3[cm]$.

Beweisfigur und Veranschau-
lichung des Höhensatzes

Thales-
halbkreis

A   Höhensatz (A_1) und Quadratur des Rechtecks (A_2)

$A_R = A_D$

B   Zur Quadratur des Dreiecks

$b^2 = q \cdot c$, $a^2 = p \cdot c$

C   Kathetensatz

Ähnlich-
keitsatz $\Rightarrow$

$\frac{b}{c} = \frac{q}{b} \Leftrightarrow b^2 = q \cdot c$

$\frac{a}{c} = \frac{p}{a} \Leftrightarrow a^2$

D   Beweis der Sätze des Euklid über die Ähnlichkeit